Über den

sogenannten letzten Fermat'schen Satz

von

Ferdinand Lindemann

Professor an der Universität München

Leipzig

Verlag von Veit & Comp.

1909

Druck von Metzger & Wittig in Leipzig.

Vorwort

KUMMER hat bekanntlich die FERMATsche (aus dem Jahre 1670 stammende) Behauptung betreffend die Unmöglichkeit der Gleichung

$$x^n = y^n + z^n$$

zuerst für eine größere Klasse von Primzahlen n bewiesen; sein Beweis beruht wesentlich auf den Eigenschaften der von ihm eingeführten idealen Zahlen (Zahlen der sogenannten Kreiskörper); und durch die benutzten Hilfssätze über solche Zahlen sind die von ihm unentschieden gelassenen Ausnahmefälle bedingt.*)

Um letztere zu erledigen, erschien somit der von KUMMER eingeschlagene Weg nicht gangbar, wenn man annimmt, daß FERMATS Behauptung wirklich für alle Zahlen richtig ist. Es mußte ein anderer Weg gesucht werden. Ich habe deshalb zunächst die idealen Zahlen ganz beiseite gelassen und versucht, die Frage durch rein algebraische Identitäten zu erledigen. Die Methode ist dieselbe, die ich schon früher befolgt hatte; die ersten Paragraphen (§ 1 bis 9) stimmen mit den entsprechenden meiner früheren Abhandlung**)

---

*) Monatsberichte der Berliner Akademie, April 1847 und CRELLES Journal, Bd. 45, S. 93, 1847, ferner Abhandlungen der K. Akademie der Wissenschaften zu Berlin, 1857; vgl. die Darstellung bei H. J. STEPHEN SMITH: Report on the theory of numbers, Part II, Reports of the Brit. Association for the advancement of science for 1860, London 1861, sowie bei HILBERT: Die Theorie der algebraischen Zahlkörper, Jahresbericht der Deutschen Mathematiker-Vereinigung, Bd. 4, 1894/95, S. 517ff., wo auch die ältere Literatur angegeben ist; hinzuzufügen sind die Arbeiten von GENOCCHI in Band 3 und 6 der Annali di matematica und CRELLES Journal, Bd. 99, ferner PEPIN, Comptes rendus, Bd. 82. Einen eingehenden Bericht über FERMATS Nachlaß gibt HENRY: Bulletino di bibliografia e di storia delle scienze matematiche e fisiche publ. da B. BONCOMPAGNI, Bd. 12, 1879; vgl. auch MANSION, Nouvelle correspondance de mathématiques, t. V. Einzelne Notizen findet man auch bei ROUSE BALL, Mathematical recreations and problems. 2nd edit. London 1892; für die einfachsten Fälle sei auf die Vorlesungen über Zahlentheorie von J. SOMMER (S. 176ff., Leipzig 1907) verwiesen.

**) Sitzungsberichte der math.-physik. Klasse der kgl. Bayerischen Akademie der Wissenschaften, Bd. 37, 1907.

wesentlich überein; damals war der Abschluß infolge eines Vorzeichenfehlers verfrüht; es erwies sich als notwendig, noch höhere Potenzen von n bei den aufgestellten Kongruenzen zu berücksichtigen. Die Grundlage bilden wieder gewisse Identitäten (§ 1 und 2), die (wie früher) zu den von ABEL aufgestellten Formeln führen (§ 3). Letztere hatte ich schon 1901 in gleicher Weise abgeleitet. Für den Fall, daß eine der Zahlen x, y, z durch n teilbar ist, wurde das frühere doppelte Rekursionsverfahren durch ein sehr viel einfacheres ersetzt (§§ 5 und 6). Für den Fall, daß keine der Zahlen x, y, z den Faktor n enthält, beruht der Beweis (§ 18) auf einem in § 12 und allgemeiner in § 16 aufgestellten Hilfssatze.

Nachträglich habe ich versucht, diesen Hilfssatz auf ideale Zahlen zu übertragen; dies durchzuführen war aber nicht notwendig, denn es sind die Formeln, welche für ideale Zahlen an Stelle der ABELschen Gleichungen treten, auch für diese Zahlen als Grundlage des Beweises brauchbar. Wenn KUMMER nicht ganz zum Ziele kam, so scheint mir der Grund hierfür darin zu liegen, daß er von der FERMATschen Gleichung

$$y^n + z^n = x^n$$

ausgehend, nur von der einen Zerlegung

$$x^n = (y + z)(y + \zeta z) \ldots (y + \zeta^{n-1} z),$$

wo ζ eine n^{te} Einheitswurzel bezeichnet, Gebrauch macht, aber nicht von den Zerlegungen

$$y^n = (x - z)(x - \zeta z) \ldots (x - \zeta^{n-1} z),$$

$$z^n = (x - y)(x - \zeta y) \ldots (x - \zeta^{n-1} y),$$

während die in §§ 19 und 20 angestellten Betrachtungen wesentlich auf der gleichzeitigen Berücksichtigung dieser drei Zerlegungen beruhen. Diese Betrachtungen wurden erst im April und Mai hinzugefügt, nachdem der Druck der ersten Paragraphen bereits begonnen hatte.

Tegernsee, im August 1909.

Inhalt

§ I. Ableitung von Hilfsformeln.

Offenbar läßt sich, wenn n eine ungerade Zahl bezeichnet, die Zahl N_1 so bestimmen, daß die Differenz:

$$x^n - y^n - N_1 (x - y)^n$$

durch das Produkt xy teilbar wird; und zwar ergibt sich:

$$N_1 = 1 .$$

Ferner kann N_2 so gewählt werden, daß der Ausdruck:

$$x^n - y^n - N_1 (x - y)^n - N_2 xy (x - y)^{n-2}$$

durch $x^2 y^2$ teilbar wird. Man muß zu dem Zwecke den Faktor von $x^{n-1} y$ gleich Null setzen und findet $N_1 n - N_2 = 0$, oder:

(1) $$N_2 = n .$$

Der Faktor von $x y^{n-1}$ fällt dann von selbst heraus. Um ebenso das Aggregat:

$$x^n - y^n - N_1 (x - y)^n - N_2 xy (x - y)^{n-2} - N_3 x^2 y^2 (x - y)^{n-4}$$

durch $x^3 y^3$ teilbar zu machen, muß man den Faktor von $x^{n-2} y^2$ (welcher bis auf das Vorzeichen gleich dem Faktor von $x^2 y^{n-2}$ ist) zum Verschwinden bringen, d. h. es muß:

$$- N_1 \binom{n}{2} + N_2 (n - 2) - N_3 = 0 ,$$

also:

(2) $$N_3 = \frac{n(n-3)}{2}$$

sein. In gleicher Weise wird:

$$x^n - y^n - N_1 (x - y)^n - N_2 xy (x - y)^{n-2} - N_3 x^2 y^2 (x - y)^{n-4} \\ - N_4 x^3 y^3 (x - y)^{n-6}$$

durch $x^4 y^4$ teilbar, wenn:

$$N_1 \binom{n}{3} - N_2 \binom{n-2}{2} + N_3 (n - 4) - N_4 = 0$$

ist, oder:

$$N_4 = \frac{n(n-4)(n-5)}{1\cdot 2\cdot 3}.$$

Ebenso kann man weiter schließen und findet, daß das Aggregat:

(3) $$\begin{cases} x^n - y^n - N_1(x-y)^n - N_2\,xy(x-y)^{n-2}\dots \\ \qquad - N_s x^{s-1} y^{s-1}(x-y)^{n-2s+2} \end{cases}$$

durch $x^s y^s$ teilbar ist, wenn N_s durch die Gleichung:

(4) $$\begin{cases} N_1\binom{n}{s-1} - N_2\binom{n-2}{s-2} + N_3\binom{n-4}{s-3} - \dots \\ + (-1)^s N_{s-1}\binom{n-2s+4}{1} + (-1)^{s+1} N_s = 0 \end{cases}$$

bestimmt wird, welche aussagt, daß in dem Aggregate (3) der Faktor von $x^{n-s+1}y^{s-1}$ (oder $x^{s-1}y^{n-s+1}$) verschwindet; und durch ein Rekursionsverfahren erhält man leicht (wie wir sogleich auch direkt bestätigen werden):

(5) $$\begin{cases} N_s = \dfrac{n(n-s)(n-s-1)\dots(n-2s+4)(n-2s+3)}{1\cdot 2\cdot 3\dots(s-1)} \\ \quad = \dfrac{n}{s-1}\dbinom{n-s}{s-2}. \end{cases}$$

Aus der Rekursionsformel (4) folgt sofort: Sind $N_1, N_2, \dots N_{s-1}$ ganze Zahlen, so ist auch N_s eine ganze Zahl.

Sei nun $n = 2\nu + 1$ und setzen wir $s = \nu$, so wird:

(6) $$N_\nu = \frac{(2\nu+1)\nu(\nu+1)}{1\cdot 2\cdot 3},$$

und wir haben identisch:

$$x^n - y^n - N_1(x-y)^n - N_2\,xy(x-y)^{n-2} - \dots$$
$$- N_\nu x^{\nu-1}y^{\nu-1}(x-y)^3 = N x^\nu y^\nu (x-y),$$

wo N noch zu bestimmmen ist; die linke Seite nämlich ist teilbar durch $x^\nu y^\nu$ und ist gleich Null für $x = y$. Der Wert von N wird schließlich durch Fortsetzung derselben Schlußweise gefunden, die wir bisher anwandten, also indem wir verlangen, daß aus dem Ausdrucke:

$$x^n - y^n - N_1(x-y)^n - \dots - N_\nu x^{\nu-1}y^{\nu-1}(x-y)^3 - N x^\nu y^\nu(x-y)$$

der Term $x^{\nu+1}y^\nu$ (und folglich auch $x^\nu y^{\nu+1}$) herausfalle; es wird daher:

(7) $$N = N_{\nu+1} = 2\nu + 1 = n.$$

Zwischen beliebigen Zahlen x und y besteht hiernach die folgende Identität:

$$(8)\quad n x^{\nu} y^{\nu}(x-y)=x^n-y^n-(x-y)^n-\sum_{s=2}^{s=\nu} N_s x^{s-1} y^{s-1}(x-y)^{n-2s+2}.\text{*)}$$

Ist n eine Primzahl, so sind nach obigem N_2 und N_3 durch n teilbar; aus der Rekursionstafel (4) folgt also dann:

Die in der Identität (8) auftretenden und durch (5) gegebenen Zahlen N_s sind sämtlich ganze Zahlen und (wenn $s>1$) durch die Primzahl n teilbar.

Die Bestimmung der Zahlenfaktoren N_s hätte übrigens auch in der folgenden einfachen Weise geschehen können, indem man x und y durch spezielle Werte ersetzt und so die Aufgabe auf ein bekanntes Resultat zurückführt. Nehmen wir

$$x=e^{i\varphi},\ y=-e^{-i\varphi},$$

so wird:

$$x\cdot y=-1,\ x-y=2\cdot\cos\varphi,\ x^n-y^n=2\cdot\operatorname{cosin} n\varphi;$$

und aus (8) folgt (für n ungerade):

$$\operatorname{cosin} n\varphi=2^{n-1}\operatorname{cosin}^n\varphi+\sum_{s=2}^{\nu} N_s 2^{n-2s+1}(-1)^{s-1}(\operatorname{cosin}\varphi)^{n-2s+2}$$
$$+n(-1)^{\nu}\operatorname{cosin}\varphi;$$

und diese Formel ist in der Tat mit der bekannten Entwicklung von $\operatorname{cosin} n\varphi$ nach Potenzen von $\operatorname{cosin}\varphi$ identisch,**) wenn man unter N_s die obigen Zahlenwerte versteht.

Die Relation (8) läßt sich auch in der folgenden Form schreiben, die wir häufig benutzen werden:

$$(9)\quad x^n-y^n-(x-y)^n=\sum_{s=2}^{\nu+1} N_s x^{s-1} y^{s-1}(x-y)^{n-2s+2}.$$

Durch Differentiation nach x oder y ergeben sich hieraus weitere Identitäten, nämlich:

---

*) Beim Blättern in dem von der London Royal Society herausgegebenen Kataloge der mathematischen Arbeiten des 19. Jahrhunderts werde ich nachträglich auf einen Aufsatz von Gruson aufmerksam (Entwicklung von x^n+y^n in eine Reihe, die nach Potenzen von $(x+y)$ und von xy fortschreitet, und deren Anwendung bei Auflösung von Gleichungen; Abhandlungen der Berliner Akademie für 1814/15, Berlin 1818), in der diese Identität bereits aufgestellt ist, und zwar wesentlich in der obigen Weise.

**) Vgl. z. B. Serret, Traité d'algèbre, vol. 1, Nr. 109.

$$(10)\quad \left\{\begin{aligned} n\,[x^{n-1} - (x-y)^{n-1}] = &\sum_{s=2}^{\nu+1} N_s (n-2s+2)\, x^{s-1} y^{s-1} (x-y)^{n-2s+1} \\ &+ \sum_{s=2}^{\nu+1} N_s (s-1)\, x^{s-2} y^{s-1} (x-y)^{n-2s+2} \end{aligned}\right.$$

und:

$$(10a)\quad \left\{\begin{aligned} n\,[(x-y)^{n-1} - y^{n-1}] = &-\sum_{s=2}^{\nu+1} N_s (n-2s+2)\, x^{s-1} y^{s-1} (x-y)^{n-2s+1} \\ &+ \sum_{s=2}^{\nu+1} N_s (s-1)\, x^{s-1} y^{s-2} (x-y)^{n-2s+2}, \end{aligned}\right.$$

und durch nochmaliges Differenzieren:

$$(11)\quad \left\{\begin{aligned} n\,(n-1)\,(x-y)^{n-2}& \\ = &-\sum_{s=2}^{\nu} N_s (n-2s+2)\,(n-2s+1)\, x^{s-1} y^{s-1} (x-y)^{n-2s} \\ &+ \sum_{s=2}^{\nu+1} N_s (s-1)^2\, x^{s-2} y^{s-2} (x-y)^{n-2s+2} \\ &+ \sum_{s=2}^{\nu+1} N_s (n-2s+2)\,(s-1)\, x^{s-2} y^{s-2} (x-y)^{n-2s+2}. \end{aligned}\right.$$

§ 2. Zerlegung der Zahlen x, y, z in Faktoren.

Mit x, y, z seien jetzt drei ganze positive Zahlen bezeichnet, welche der Größe nach geordnet sind, so daß:

$$x > y > z.$$

Es bedeutet n eine ungerade Primzahl; es ist also:

$$(12)\qquad n > 2.$$

Wir nehmen an, es bestehe eine Gleichung der Form:

$$(13)\qquad x^n = y^n + z^n$$

und wollen zeigen, daß diese Annahme zu Widersprüchen führt. Da gemeinsame Faktoren aus dieser Gleichung herausfallen, so können die Zahlen x, y, z jedenfalls als relativ prim zueinander vorausgesetzt werden.

Die Differenz $x^n - y^n$ ist sofort in die Faktoren:

$$(14)\qquad x - y \quad \text{und} \quad x^{n-1} + x^{n-2} y + \ldots + y^{n-1}$$

zerlegbar; es muß deshalb auch die Zahl z in entsprechender Weise in Faktoren zerfallen. Ist die Zahl R ein Faktor von z, so müssen die beiden Ausdrücke (14) zusammen den Faktor R^n enthalten; ist R eine Primzahl und kommt die Potenz R^{n-i} in $x-y$ vor, so muß die Potenz R^i in dem anderen Ausdrucke (14) enthalten sein. Ist R Potenz einer Primzahl, etwa $R = M^m$, so kann die Potenz $M^{(n-i)m+k}$ in $x-y$ vorkommen, und dann muß die Potenz M^{im-k} in dem anderen Faktor enthalten sein. Eine solche Zerlegung wird auf mannigfache Weise möglich sein; jedenfalls kann man die folgende Darstellung der drei in Betracht kommenden Faktoren erreichen.

Eine solche Zahl R werde mit r_i bezeichnet; dann ist

(15) $$z = r \cdot r_1 \cdot r_2 \ldots r_n,$$

(16) $$x - y = r^n \cdot r_1^{n-1} \cdot r_2^{n-2} \ldots r_{n-2}^2 \cdot r_{n-1} = r^n \cdot \varrho,$$

wobei also:

$$\varrho = r_1^{n-1} \cdot r_2^{n-2} \ldots r_{n-2}^2 \cdot r_{n-1}$$

gesetzt ist, ferner:

(17) $$x^{n-1} + x^{n-2} y + \ldots + y^{n-1} = r_1 \cdot r_2^2 \cdot r_3^3 \ldots r_{n-1}^{n-1} \cdot r_n^n.$$

Jede dieser Zahlen r_i kann wieder in verschiedene Faktoren zerfallen; für das Folgende kommen hauptsächlich die Zahlen ϱ, r und r_n in Betracht. Ist die hier angegebene Zerlegung auf mehrfache Weise möglich, so gelten für jede einzelne Zerlegung dieser Art die folgenden Betrachtungen.

In gleicher Weise kann die Differenz $x - z$ in Faktoren zerlegt werden; es ist

(16a) $$x - z = q^n \cdot \varkappa = q^n \cdot q_1^{n-1} \cdot q_2^{n-2} \ldots q_{n-2}^2 \cdot q_{n-1},$$

ferner:

(17a) $$x^{n-1} + x^{n-2} z + \ldots + z^{n-1} = q_1 \cdot q_2^2 \ldots q_{n-1}^{n-1} \cdot q_n^n,$$

(15a) $$y = q \cdot q_1 \ldots q_n.$$

Eine analoge Zerlegung kann auch für die Summe $y + z$ zur Anwendung kommen, so daß:

(16b) $$y + z = p^n \cdot \pi = p^n \cdot p_1^{n-1} \cdot p_2^{n-2} \ldots p_{n-2}^2 \cdot p_{n-1},$$

(17b) $$\left\{ \begin{aligned} & y^{n-1} - y^{n-2} z + y^{n-3} z^2 - \ldots + (-1)^{n-1} z^{n-1} \\ & \qquad = p_1 \cdot p_2^2 \ldots p_{n-1}^{n-1} \cdot p_n^n, \end{aligned} \right.$$

(15b) $$x = p \cdot p_1 \cdot p_2 \ldots p_n.$$

§ 3. Die Abelschen Formeln.

Setzen wir nun in (8) für z und $x-y$ die Werte (15) und (16) ein, so ergibt sich die Relation:

$$n x^\nu y^\nu r^n \varrho = r^n \cdot r_1{}^n \ldots r_n{}^n - \sum_{i=1}^{i=\nu} N_i x^{i-1} y^{i-1} r^{n(n-2i+2)} \varrho^{n-2i+2},$$

oder, wenn beiderseits mit ϱr^n dividiert wird:

$$(18) \qquad n x^\nu y^\nu = r_1 \cdot r_2{}^2 r_3{}^3 \ldots r_n{}^n - \sum_{i=1}^{\nu} N_i x^{i-1} y^{i-1} r^{n(n-2i+1)} \varrho^{n-2i+1},$$

wobei die Zahlen N_i sämtlich ganze Zahlen sind.

Die relativen Primzahlen x und y können wegen (16) mit den Zahlen $r_1, r_2, \ldots, r_{n-1}$ keinen Faktor gemein haben. Jedes Glied der rechten Seite von (18) ist durch jede dieser Zahlen teilbar, da mit ϱ die Zahl $r_1^{n-1} r_2^{n-2} \ldots r_{n-1}$ bezeichnet wurde. Soll daher auch die linke Seite durch $r_1, r_2, \ldots, r_{n-1}$ teilbar sein, so muß die Zahl n diese Faktoren enthalten. Nun sollte aber n eine Primzahl bedeuten; also bleiben nur folgende Möglichkeiten:

Entweder es ist:

$$(19) \qquad r_1 = n, r_2 = r_3 = \ldots = r_{n-1} = 1,$$

und dann folgt aus (5) und (6):

$$(20) \qquad z = n \cdot r \cdot r_n, \quad x - y = r^n \cdot n^{n-1}.$$

Oder es ist:

$$(21) \qquad r_1 = r_2 = r_3 = \ldots = r_{n-1} = 1,$$

und dann folgt:

$$(22) \qquad z = r \cdot r_n, \quad x - y = r^n.$$

Eine andere Möglichkeit bleibt nicht offen, denn von den Zahlen $r_2, r_3, \ldots, r_{n-1}$ kann keine gleich n sein; es wäre nämlich dann die rechte Seite von (18) mindestens durch n^2 teilbar, folglich auch die linke Seite; d. h. es müßte x oder y durch n teilbar sein; dann aber wären nach (16) beide Zahlen durch n teilbar, während sie doch als relative Primzahlen vorausgesetzt sind. Die Zahl r_n bleibt zunächst beliebig.

Da die Gleichung (8), wenn N_s durch (5) bestimmt wird, eine Identität ist, können wir in ihr y durch z ersetzen und erhalten so in Rücksicht auf (16a) und (17a) an Stelle von (18) die Beziehung:

$$(18\text{a}) \qquad n x^\nu z^\nu = q_1 \cdot q_2{}^2 \ldots q_n{}^n - \sum_{i=1}^{\nu} N_i x^{i-1} z^{i-1} q^{n(n-2i+1)} \varkappa^{n-2i+1},$$

auf welche wir die gleichen Überlegungen anwenden können. Es ist also entweder:

(20a) $$y = n \cdot q \cdot q_n, \quad x - z = q^n \cdot n^{n-1},$$

oder:

(22a) $$y = q \cdot q_n, \quad x - z = q^n.$$

Endlich können wir in der Identität (8) auch x durch y und y durch $-z$ ersetzen; dann ergibt sich mit Rücksicht auf (16b) und (17b):

(18b) $$\begin{cases} (-1)^\nu n y^\nu z^\nu = p_1 p_2^2 \dots p_n^n \\ \quad - \sum_{i=1}^{\nu} N_i (-1)^{i-1} y^{i-1} z^{i-1} p^{n(n-2i+1)} \pi^{n-2i+1}; \end{cases}$$

und die nochmalige Wiederholung der gleichen Schlußweise führt zu dem Resultate, daß entweder:

(20b) $$x = n \cdot p \cdot p_n, \quad y + z = p^n \cdot n^{n-1},$$

oder:

(22b) $$x = p \cdot p_n, \quad y + z = p^n$$

sein muß.

Da x, y, z keinen gemeinsamen Faktor enthalten sollen, so ergibt die Kombination der Gleichungen (20), (22), (20a), (22a), (20b), (22b), daß nur drei Fälle noch näher zu untersuchen sind. Die Annahme (20) nämlich ist mit (20a) oder (20b) nicht vereinbar, so daß aus der Annahme (20) notwendig die Gleichungen (22a) und (22b) folgen. Gehen wir aber von (22) aus, so kann sowohl (20a) als (20b) möglich sein. Betrachten wir diejenigen Möglichkeiten als gleichwertig, die durch Vertauschung von y mit z auseinander hervorgehen, so bleiben die folgenden drei Fälle:

I) $$\begin{cases} x - y = r^n \cdot n^{n-1}, & z = n \cdot r \cdot r_n, \\ x - z = q^n, & y = q \cdot q_n, \\ y + z = p^n, & x = p \cdot p_n; \end{cases}$$

II) $$\begin{cases} x - y = r^n, & z = r \cdot r_n, \\ x - z = q^n, & y = q \cdot q_n, \\ y + z = p^n \cdot n^{n-1}, & x = n \cdot p \cdot p_n; \end{cases}$$

III) $$\begin{cases} x - y = r^n, & z = r \cdot r_n, \\ x - z = q^n, & y = q \cdot q_n, \\ y + z = p^n, & x = p \cdot p_n. \end{cases}$$

Hieraus folgt im Falle I):

$$\text{Ia)}\quad \begin{cases} x = \frac{1}{2}(p^n + q^n + n^{n-1} r^n), \\ y = \frac{1}{2}(p^n + q^n - n^{n-1} r^n), \\ z = \frac{1}{2}(p^n - q^n - n^{n-1} r^n), \end{cases}$$

im Falle II):

$$\text{IIa)}\quad \begin{cases} x = \frac{1}{2}(n^{n-1} p^n + q^n + r^n), \\ y = \frac{1}{2}(n^{n-1} p^n + q^n - r^n), \\ z = \frac{1}{2}(n^{n-1} p^n - q^n + r^n), \end{cases}$$

und im Falle III):

$$\text{IIIa)}\quad \begin{cases} x = \frac{1}{2}(p^n + q^n + r^n), \\ y = \frac{1}{2}(p^n + q^n - r^n), \\ z = \frac{1}{2}(p^n - q^n + r^n). \end{cases}$$

Daß x sich durch drei Zahlen p, q, r in einer dieser Formen darstellen lassen müsse, hat schon Abel ohne Mitteilung eines Beweises angegeben.*) Er erwähnt außerdem noch die Möglichkeit:

$$x = \frac{1}{2}[p^n + n^{n-1}(q^n + r^n)],$$
$$y = \frac{1}{2}[p^n + n^{n-1}(q^n - r^n)],$$
$$z = \frac{1}{2}[p^n - n^{n-1}(q^n + r^n)],$$

welche bei uns ausgeschlossen ist, da sie auf das nicht statthafte Zusammenbestehen der Gleichungen (20) und (20a) führen würde.

§ 4. Der Fall I): Darstellung von x, y, z.

Wir machen zuerst die Annahme I). Die Gleichung (18a) wird hier:

$$(23)\qquad n x^\nu z^\nu = q_n{}^n - \sum_{i=1}^{\nu} N_i x^{i-1} z^{i-1} q^{n(n-2i+1)}.$$

Alle Zahlen N_i mit Ausnahme von $N_1 = 1$ sind nach obigem durch n teilbar; auch z ist durch n teilbar; vom dritten Gliede ab sind also alle Terme der rechten Seite durch n^2 teilbar. Die linke Seite ist mindestens durch $n^{\nu+1}$ teilbar; folglich ist auch:

$$(24)\qquad q_n{}^n - q^{n(n-1)} \equiv 0 \mod. n^2.$$

Nach dem Fermatschen Satze ist:

$$(25)\qquad q^{n(n-1)} \equiv 1 \mod. n^2,$$

*) Lettre à Holmboe vom 3. August 1823, Oeuvres t. II, p. 255.

denn q kann, da y zu z relativ prim ist, nicht durch n teilbar sein. Es ergibt sich:

$$q_n^n \equiv 1 \quad \text{mod. } n^2,$$

und da identisch $q_n^n \equiv q_n$ mod. n ist:

(26) $$q_n \equiv 1 \quad \text{mod. } n.$$

Ebenso folgt aus (18b):

(27) $$(-1)^\nu n y^\nu z^\nu = p_n^n - \sum_{i=1}^{\nu} N_i (-1)^{i-1} y^{i-1} z^{i-1} p^{n(n-2i+1)},$$

und die Anwendung derselben Schlußweise führt zu der Kongruenz:

(28) $$p_n \equiv 1 \quad \text{mod. } n.$$

Folglich ist auch:

(29) $$\begin{cases} x = p \cdot p_n \equiv p & \text{mod. } n, \\ y = q \cdot q_n \equiv q & \text{,, } \; n. \end{cases}$$

Ferner ist gemäß I):

$$\begin{aligned} x - y = p p_n - q q_n &\equiv p - q \quad \text{mod. } n \\ = r^n \cdot n^{n-1} &\equiv 0 \qquad\quad \text{,, } \; n, \end{aligned}$$

also auch:

(30) $$p^n \equiv q^n \quad \text{mod. } n^2.$$

Weiter folgt aus den Gleichungen I a):

(31) $$2z = p^n - q^n + r^n \cdot n^{n-1},$$

also nach (30), da $n > 2$:

(32) $$z \equiv 0 \quad \text{mod. } n^2.$$

Es wäre also z nicht nur durch n, sondern durch n^2 teilbar, d. h. eine der beiden Zahlen r oder r_n müßte den Faktor n enthalten.

Setzen wir die der Annahme I) entsprechenden, in (19) und (20) gegebenen Werte der Zahlen r_i und z in (18) ein, so ergibt sich:

$$n x^\nu y^\nu = n r_n^n - \sum_{i=1}^{\nu} N_i x^{i-1} y^{i-1} r^{n(n-2i+1)} n^{(n-1)(n-2i+1)},$$

und nach Division mit n:

(33) $$\begin{cases} x^\nu y^\nu = r_n^n - \sum\limits_{i=1}^{\nu} N_i x^{i-1} y^{i-1} r^{n(n-2i+1)} n^{n^2-2in+2i-2} \\ \qquad = r_n^n - r^{n(n-1)} n^{n(n-2)} - x y r^{n(n-3)} n^{n^2-4n+2} - \dots \\ \qquad\quad - \dfrac{\nu(\nu+1)}{2 \cdot 3} x^{\nu-1} y^{\nu-1} r^{2n} n^{2n-2}. \end{cases}$$

Wäre somit $r_n \equiv 0$ mod. n, so müßte eine der Zahlen x oder y durch n teibar sein, was nicht angeht. Es kann also nur r den Faktor n enthalten, und r_n kann nicht durch n teilbar sein. Wir haben demnach:

(34) $$r = n \cdot r'$$

zu setzen, so daß z mindestens durch n^2 teilbar ist. Es wird dann:

(35) $$\begin{cases} x^\nu y^\nu = r_n^{\ n} - \sum_{i=1}^{\nu} N_i x^{i-1} y^{i-1} r'^{n(n-2i+1)} n^{2n^2-(4i-1)n+2i-2} \\ \quad = r_n^{\ n} - r'^{n(n-1)} n^{2n^2-3n} - \ldots - N_\nu x^{\nu-1} y^{\nu-1} r'^{2n} n^{4n-3}, \end{cases}$$

oder, da N_ν nach obigem durch n teilbar ist:

(36) $$x^\nu y^\nu \equiv r_n^{\ n} \quad \text{mod. } n^{4n-2}.$$

Da aber nach I):

(37) $$x - y = n^{n-1} r^n = n^{2n-1} r'^n$$

ist, so haben wir auch:

$$x^\nu - y^\nu \equiv n^{2n-1} \cdot \nu \cdot r'^n \cdot y^{\nu-1} \quad \text{mod. } n^{4n-2},$$

also nach (36):

$$y^\nu (y^\nu + \nu n^{2n-1} r'^n y^{\nu-1}) \equiv r_n^{\ n} \quad \text{mod. } n^{4n-2}$$

oder, wenn wir sogleich die entsprechende Kongruenz für x hinzufügen:

(38) $$\begin{cases} y^{n-1} \equiv r_n^{\ n} - \nu n^{2n-1} r'^n y^{2\nu-1} \quad \text{mod. } n^{4n-2}, \\ x^{n-1} \equiv r_n^{\ n} + \nu n^{2n-1} r'^n x^{2\nu-1} \quad \text{mod. } n^{4n-2}. \end{cases}$$

Nach I) war ferner:

$$x = q^n + z = q^n + n^2 r_n r',$$
$$y = p^n - z = p^n - n^2 r_n r';$$

die Zahlen $p^{n(n-1)} - 1$ und $q^{n(n-1)} - 1$ sind durch n^2 teilbar; folglich haben wir:

(38a) $$x^{n-1} \equiv y^{n-1} \equiv 1 \quad \text{mod. } n^2,$$

und somit aus (38):

$$r_n^{\ n} \equiv 1 \quad \text{mod. } n^2$$

und weiter:

(39) $$r_n \equiv 1 \quad \text{mod. } n. \text{*)}$$

*) Es ist diese Kongruenz damit in Übereinstimmung, daß nach einem Satze von Euler jede Primzahl, welche Teiler von $x^n - 1$ und nicht Teiler von $x - 1$ ist, in der Form $2n\xi + 1$ enthalten sein muß; vgl. Legendre, Zahlentheorie, art. 163 (Bd. 1, S. 227 der deutschen Ausgabe von Maser, Leipzig 1886).

Von diesem Resultate werden wir weiterhin Gebrauch machen, nachdem wir zuvor die Zahlen x, y, z noch in anderer Weise werden dargestellt haben.

Nach dem FERMATschen Satze und infolge der Relationen (26) und (28) können wir setzen:

$$\left\{\begin{array}{ll} p^{n-1} = 1 + n\pi, & q^{n-1} = 1 + n\varkappa, \\ p_n \quad = 1 + n\pi', & q_n \quad = 1 + n\varkappa'. \end{array}\right. \tag{40}$$

Es wird dann, wenn wieder r' gemäß (34) eingeführt wird:

$$\left\{\begin{array}{l} x - z = pp_n - n r r_n = pp_n - n^2 r' r_n, \\ y + z = qq_n + n r r_n = qq_n + n^2 r' r_n. \end{array}\right. \tag{41}$$

Die linken Seiten sind wegen I) bzw. gleich q^n und p^n; also folgt:

$$q^n = q + nq\varkappa = p + np\pi' - n^2 r' r_n,$$
$$p^n = p + np\pi = q + nq\varkappa' + n^2 r' r_n,$$

und hieraus:

$$p - q - n^2 r' r_n = n(q\varkappa - p\pi') = n(q\varkappa' - p\pi), \tag{42}$$

oder:

$$p(\pi' - \pi) + q(\varkappa' - \varkappa) = 0. \tag{42a}$$

Es bestehen demnach zwei Gleichungen der folgenden Form:

$$\left\{\begin{array}{l} Mp = (\varkappa' - \varkappa), \\ Mq = -(\pi' - \pi); \end{array}\right. \tag{43}$$

und hierin ist M eine ganze Zahl, denn p und q können keinen gemeinsamen Faktor enthalten, da sonst nach I) auch x und y denselben Faktor enthalten müßten.

Zu den Gleichungen (41) fügen wir aus I) die dritte hinzu:

$$x - y = n^{2n-1} r'^n = pp_n - qq_n = p - q + n(p\pi' - q\varkappa'). \tag{44}$$

Der Vergleich mit (42) zeigt, daß auch die Relation:

$$\frac{p-q}{n} = q\varkappa - p\pi' + n r' r_n = q\varkappa' - p\pi + n r' r_n$$
$$= q\varkappa' - p\pi' + n^{2n-2} r'^n$$

bestehen muß. Multiplizieren wir beiderseits mit M und benutzen die Gleichungen (43), so folgt:

$$M(r_n - n^{2n-3} r'^{n-1}) r' \cdot n = -(\varkappa - \varkappa')(\pi - \pi'). \tag{45}$$

Es ist also mindestens eine der beiden Zahlen $(\varkappa - \varkappa')$ und $(\pi - \pi')$ durch n teilbar; dann aber ist nach (43) M durch n teilbar (da p und q den Faktor n nicht enthalten dürfen), und es folgt aus denselben Gleichungen (43), daß auch die andere dieser beiden Zahlen den Faktor n enthält. Es bestehen demnach die Kongruenzen:

(46) $$\pi' \equiv \pi, \quad \varkappa' \equiv \varkappa \quad \text{mod.}\, n,$$

so daß die Gleichungen (40) durch die folgenden ersetzt werden dürfen:

(47) $$\begin{cases} p^{n-1} = 1 + n\pi, & q^{n-1} = 1 + n\varkappa, \\ p_n \phantom{^{-1}} = 1 + n\pi + n^2\pi_1, & q_n \phantom{^{-1}} = 1 + n\varkappa + n^2\varkappa_1. \end{cases}$$

Bildet man wieder die Ausdrücke $x - z$ und $y + z$, so ergibt sich jetzt aus I):

$$q^n = q + nq\varkappa = p + np\pi + n^2 p\pi_1 - n^2 r' r_n,$$
$$p^n = p + np\pi = q + nq\varkappa + n^2 q\varkappa_1 + n^2 r' r_n,$$

und hieraus an Stelle von (42):

(48) $$p - q + n(p\pi - q\varkappa) - n^2 r' r_n = -n^2 p\pi_1 = n^2 q\varkappa_1.$$

Es ist folglich auch:

(49) $$-p\pi_1 = q\varkappa_1.$$

Die dritte Gleichung (nämlich $x - y = n^{2n-1} r'^n$) gibt jetzt:

$$n^{2n-1} r'^n = pp_n - qq_n = p - q + n(p\pi - q\varkappa) + n^2(p\pi_1 - q\varkappa_1).$$

Wir haben so die Differenz $p - q$ auf doppelte Weise berechnet; es ist:

(50) $$\begin{cases} p - q = -n(p\pi - q\varkappa) + n^2 r' r_n - n^2 p\pi_1 \\ = -n(p\pi - q\varkappa) + n^{2n-1} r'^n - n^2(p\pi_1 - q\varkappa_1); \end{cases}$$

und somit erhalten wir, unter Benutzung von (49):

(51) $$q\varkappa_1 = -p\pi_1 = r' r_n - n^{2n-3} r'^n.$$

Da x, y, z zueinander relativ prim sind, so können keine zwei der Zahlen p, q und r' einen gemeinsamen Faktor enthalten; bezeichnet R eine ganze Zahl, so kann man deshalb setzen:

(52) $$\begin{cases} \pi_1 = -qRr', \quad \varkappa_1 = pRr', \\ r_n - n^{2n-3} r'^{n-1} = pqR. \end{cases}$$

Die Gleichungen (47) werden demnach:

(53) $$\begin{cases} p_n = p^{n-1} - n^2 q r' R, \\ q_n = q^{n-1} + n^2 p r' R. \end{cases}$$

Es wird somit nach I) und Ia):

$$(54)\quad \begin{cases} x = \frac{1}{2}(p^n + q^n + n^{2n-1} r'^n) = p^n - n^2 p q r' R, \\ y = \frac{1}{2}(p^n + q^n - n^{2n-1} r'^n) = q^n + n^2 p q r' R, \\ z = \frac{1}{2}(p^n - q^n + n^{2n-1} r'^n) = n^{2n-1} r'^n + n^2 p q r' R. \end{cases}$$

Aus jeder dieser Relationen folgt:

$$(55)\quad p^n - q^n = 2 n^2 p q r' R + n^{2n-1} r'^n,$$

was sich in Übereinstimmung damit befindet, daß die Differenz $p^n - q^n$ nach (30) durch n^2 teilbar sein muß.

§ 5. Der Fall I), wenn r' nicht durch n teilbar ist.

Gemäß den Gleichungen I) können wir x durch $z + q^n$ und y durch $p^n - z$ ersetzen; dann ist:

$$(56)\quad \begin{cases} x^\nu y^\nu = (z + q^n)^\nu (p^n - z)^\nu = [p^n q^n + z(p^n - q^n) - z^2]^\nu \\ \equiv p^{n\nu} q^{n\nu} \mod. n^4, \end{cases}$$

denn $p^n - q^n$ ist nach (55) durch n^2 teilbar und z enthält ebenfalls den Faktor n^2. Wir erhalten somit aus (36):

$$(57)\quad p^{n\nu} q^{n\nu} \equiv r_n^{\,n} \mod. n^4,$$

also auch:

$$(57\text{b})\quad p^\nu q^\nu \equiv r_n \mod. n^3,$$

und wegen der dritten Gleichung (52):

$$(58)\quad p^\nu q^\nu \equiv p q R \mod. n^3,$$

folglich gemäß (55):

$$(59)\quad p^n - q^n \equiv 2 n^2 p q r' R \equiv 2 n^2 p^\nu q^\nu r' \mod. n^5.$$

Ersetzen wir andererseits in der allgemeinen Identität (8) die Zahlen x und y bzw. durch p und q, so wird:

$$(60)\quad \begin{cases} n p^\nu q^\nu (p - q) \\ = p^n - q^n - (p - q)^n - \sum_{s=2}^{\nu} N_s p^{s-1} q^{s-1} (p - q)^{n-2s+2}, \end{cases}$$

folglich:

$$(61)\quad p^n - q^n \equiv n p^\nu q^\nu (p - q) \mod. n^4,$$

und durch Vergleichung mit (59):

$$(62)\quad p - q \equiv 2 n r' \mod. n^3.$$

Die Kongruenz (58) können wir in folgender Weise für eine höhere Potenz des Moduls erweitern.

Da gemäß (57 b)

(63) $$z = n^2 r' r_n \equiv n^2 r' p^\nu q^\nu \quad \text{mod. } n^5$$

gesetzt werden darf, so erhalten wir aus (56) unter Benutzung von (59):

(64) $$x^\nu y^\nu \equiv [p^n q^n + n^4 r'^2 p^{2\nu} q^{2\nu}]^\nu \quad \text{mod. } n^7,$$

also nach (36):

(65) $$\begin{cases} r_n^{\ n} \equiv p^{n\nu} q^{n\nu} + n^4 \nu r'^2 p^{2\nu + n(\nu-1)} q^{2\nu + n(\nu-1)} & \text{mod. } n^7 \\ \equiv p^{n\nu} q^{n\nu} + n^4 \nu r'^2 p^{n\nu-1} q^{n\nu-1} & \text{mod. } n^7. \end{cases}$$

Führen wir hier vermöge (55) oder (59) p^n auf q^n zurück und setzen zur Abkürzung

(66) $$\alpha = p\, q\, R r',$$

so wird:

(67) $$\begin{cases} r_n^{\ n} \equiv q^{n\nu}\left(q^{n\nu} + 2\alpha n^2 \nu q^{n(\nu-1)} + 4\alpha^2 n^4 \binom{\nu}{2} q^{n(\nu-2)} + \dots\right) \\ \qquad + n^4 \nu r'^2 q^{n(n-1)-2} \\ \equiv q^{n(n-1)} + \alpha n^2 (n-1) q^{n(n-2)} + 2\alpha^2 n^4 \nu(\nu-1) q^{n(n-3)} \\ \qquad + n^4 \nu r'^2 q^{n(n-3)} \cdot q^{2(n-1)} \quad \text{mod. } n^6. \end{cases}$$

Auf andere Weise bestimmen wir die linke Seite aus der vorausgesetzten Gleichung (13); darnach ist

(68) $$(p^n - \alpha n^2)^n - (q^n + \alpha n^2)^n = n^{2n} r'^n r_n^{\ n}.$$

Andererseits erhalten wir aus (55):

$$(p^n - \alpha n^2)^n = (q^n + \alpha n^2 + n^{2n-1} r'^n)^n,$$

also auch:

(69) $$(p^n - \alpha n^2)^n - (q^n + \alpha n^2)^n \equiv r'^n n^{2n} (q^n + \alpha n^2)^{n-1} \quad \text{mod. } n^{4n-1},$$

und durch Vergleichung mit (68) und Anwendung der Kongruenz (67):

(70) $$\begin{cases} (q^n + \alpha n^2)^{n-1} \equiv q^{n(n-1)} + \alpha n^2 (n-1) q^{n(n-2)} \\ \qquad + \alpha^2 n^4 \binom{n-1}{2} q^{n(n-3)} \quad \text{mod. } n^6 \\ \equiv q^{n(n-1)} + \alpha n^2 (n-1) q^{n(n-2)} \\ \qquad + [2\alpha^2 n^4 \nu(\nu-1) + n^4 \nu (1 + 2n\varkappa) r'^2]\, q^{n(n-3)} r'^2 \ \text{mod. } n^6. \end{cases}$$

Hier müssen die Faktoren von $q^{n(n-3)} n^4$ beiderseits bis auf Vielfache von n^2 übereinstimmen; es wird also:

(71) $$\begin{cases} \alpha^2 \nu (n-2) \equiv \alpha^2 \nu (2\nu - 2) + \nu (1 + 2n\varkappa) r'^2 & \text{mod. } n^2 \\ \equiv \alpha^2 \nu \ (n-3) + \nu (1 + 2n\varkappa) r'^2 & \text{mod. } n^2, \end{cases}$$

oder:

(72) $$\alpha^2 \equiv (1 + 2n\varkappa) r'^2 \quad \text{mod. } n^2.$$

Nun ist nach (66) und (58):

$$(73)\qquad \begin{cases} \alpha^2 = p^2 q^2 R^2 r'^2 \equiv p^{n-1} q^{n-1} r'^2 & \text{mod. } n^3 \\ \equiv [1 + n(\pi + \varkappa)] r'^2 & \text{mod. } n^2. \end{cases}$$

Ist also r' nicht durch n teilbar, so folgt:

$$(74)\qquad \pi - \varkappa \equiv 0 \quad \text{mod. } n.$$

Die Differenz $\pi - \varkappa$ kann andererseits in folgender Weise berechnet werden: es ist nach (59), (57b) und (39):

$$(75)\qquad \begin{cases} p^n - q^n = p - q + n(p\pi - q\varkappa) \\ \equiv 2n^2 p^\nu q^\nu r' \equiv 2n^2 r' \quad \text{mod. } n^3; \end{cases}$$

nach (62) ist die linke Seite

$$\equiv 2nr' + nq(\pi - \varkappa) + 2n^2 r' \pi \quad \text{mod. } n^3;$$

wir erhalten folglich:

$$(76)\qquad q(\pi - \varkappa) \equiv -2r' + 2nr'(1 - \pi) \quad \text{mod. } n^2$$

und ebenso:

$$(76\text{a})\qquad p(\varkappa - \pi) \equiv 2r' - 2nr'(1 - \varkappa) \quad \text{mod. } n^2.$$

Aus (74) folgt also

$$(77)\qquad r' \equiv 0 \quad \text{mod. } n.$$

Wenn aber r' durch n teilbar ist, so ist unser obiger Schluß, der auf die Kongruenz (74) führte, hinfällig. Letztere bleibt aber infolge der Kongruenz (76) dennoch gültig. Die Konsequenzen dieses Resultats, nach dem die Zahl r' durch n teilbar sein muß, werden wir im Folgenden weiter entwickeln.

§ 6. Der Fall I), wenn r' durch n teilbar ist.

Das gewonnene Resultat verallgemeinern wir durch den Ansatz

$$(78)\qquad r' = n^\lambda r_1.$$

Auch die Zahlen π und $\varkappa$ können eine Potenz von n enthalten; wir setzen deshalb weiter:

$$(79)\qquad \pi = n^\mu \pi_1, \quad \varkappa = n^\mu \varkappa_1.$$

Wir befolgen nun genau die im Falle $\lambda = 0$ angewandte Schlußweise und werden, um die Analogie deutlich hervortreten zu lassen, die gleichen Nummern für die einzelnen Gleichungen und Kongruenzen verwenden, indem wir nur einen Stern hinzufügen.

Setzen wir in die Relation (35) für r' den Wert $n^\lambda r_1$ ein, so ergibt sich:

(36)* $$x^\nu y^\nu \equiv r_n^{\;n} \quad \text{mod. } n^{(2\lambda+4)n-2};$$

es ist jetzt:

(37)* $$x - y = n^{2n-1} r'^{\,n} = n^{(\lambda+2)n-1} r_1^{\;n},$$

also:

$$x^\nu - y^\nu \equiv n^{(\lambda+2)n-1} \cdot r_1^{\;n} \cdot \nu \cdot y^{\nu-1} \quad \text{mod. } n^{(2\lambda+4)n-2};$$

und nach (36)*:

(38)* $$\left\{\begin{array}{l} y^{n-1} \equiv r_n^{\;n} - \nu n^{(\lambda+2)n-1} \cdot r_1^{\;n} \cdot y^{2\nu-1} \\ x^{n-1} \equiv r_n^{\;n} + \nu n^{(\lambda+2)n-1} \cdot r_1^{\;n} \cdot x^{2\nu-1} \end{array}\right. \quad \text{mod. } n^{(2\lambda+4)-2}.$$

Aus den Gleichungen I) und aus (78) erhalten wir ferner:

$$x = q^n + z = q^n + n^{\lambda+2} r_1 r_n,$$
$$y = p^n - z = p^n - n^{\lambda+2} r_1 r_n,$$

und nach (79) ist:

$$p^{n-1} = 1 + n^{\mu+1} \pi_1, \quad q^{n-1} = 1 + n^{\mu+1} \varkappa_1;$$

es wird daher:

(38a)* $$x^{n-1} \equiv y^{n-1} \equiv 1 \quad \text{mod. } n^{\mu+2},$$

wenn

(38b)* $$\mu \leqq \lambda$$

vorausgesetzt wird. Diese Voraussetzung aber ist gerechtfertigt, da sich andernfalls die Teilbarkeit von r_1 durch n ganz direkt ergibt (vgl. den Schluß dieses Paragraphen). Folglich wird nach (38)*:

(39)* $$r_n \equiv 1 \quad \text{mod. } n^{\mu+1}.$$

Weiterhin folgten in § 4 zunächst Überlegungen, bei denen nicht Kongruenzen, sondern Gleichungen benutzt wurden, die also hier sich unverändert wiederholen lassen. Wir finden so die folgenden Resultate:

(52)* $$r_n = p\,q\,R + n^{(\lambda+2)(n-1)-1} r_1^{\;n-1}$$

und:

(54)* $$\left\{\begin{array}{l} x = p^n - n^{\lambda+2} p\,q\,r_1 R, \\ y = q^n + n^{\lambda+2} p\,q\,r_1 R, \\ z = n^{(\lambda+2)n-1} r_1^{\;n} + n^{\lambda+2} p\,q\,r_1 R; \end{array}\right.$$

aus jeder dieser Relationen folgt:

(55)* $$p^n - q^n = 2n^{\lambda+2} p\,q\,r_1 R + n^{(\lambda+2)n-1} r_1^{\;n}.$$

Analog zu (56) gilt die Gleichung bzw. Kongruenz:

(56)* $$\left\{\begin{array}{l} x^\nu y^\nu = (z + q^n)^\nu (p^n - z)^\nu = [p^n q^n + z(p^n - q^n) - z^2]^\nu \\ \equiv p^{n\nu} q^{n\nu} \quad \text{mod. } n^{2\lambda+4}, \end{array}\right.$$

denn die Zahlen z und $p^n - q^n$ sind hier je durch $n^{\lambda+2}$ teilbar. Aus (36)* ergibt sich somit:

(57b)* $$r_n \equiv p^\nu q^\nu \mod. n^{2\lambda+3}$$

und nach (52)*:

(58)* $$p^\nu q^\nu \equiv p\,q\,R \mod. n^{2\lambda+3},$$

folglich gemäß (55)*:

(59)* $$p^n - q^n \equiv 2n^{\lambda+2} p^\nu q^\nu r_1 \mod. n^{3\lambda+5}.$$

Die Gleichung (60) gilt unverändert, und aus ihr folgt jetzt, da $p - q$ durch $n^{\lambda+1}$ teilbar ist:

(61)* $$p^n - q^n \equiv n\,p^\nu q^\nu (p - q) \mod. n^{3\lambda+4},$$

also durch Vergleichung mit (59)*:

(62)* $$p - q \equiv 2n^{\lambda+1} r_1 \mod. n^{3\lambda+3}.$$

Um nun die Kongruenz (58)* für einen höheren Modul zu erhalten, beachten wir, daß gemäß (57b)*:

(63)* $$z = n^{\lambda+2} r_1 r_n \equiv n^{\lambda+2} r_1 p^\nu q^\nu \mod. n^{2\lambda+5}$$

zu setzen ist, so daß wir aus (56)* erhalten:

(64)* $$x^\nu y^\nu = [p^n q^n + n^{2\lambda+4} r_1{}^2 p^{2\nu} q^{2\nu}]^\nu \mod. n^{3\lambda+7}.$$

Nach (36)* wird also:

(65)* $$r_n{}^n \equiv p^{n\nu} q^{n\nu} + n^{2\lambda+4} \nu\, r_1{}^2 p^{n\nu-1} q^{n\nu-1} \mod. n^{3\lambda+7}.$$

Setzen wir jetzt zur Abkürzung:

(66)* $$\beta = p\,q\,R\,r_1,$$

so ergibt sich mit Hilfe von (55)*:

(67)* $$\begin{cases} r_n{}^n \equiv q^{n\nu}\left(q^{n\nu} + 2\beta\, n^{\lambda+2} \nu\, q^{n(\nu-1)} + 4\beta^2 n^{2\lambda+4} \binom{\nu}{2} q^{n(\nu-2)}\right) \\ \qquad + n^{2\lambda+4} \cdot \nu \cdot r_1{}^2 q^{n(n-1)-2} \\ \equiv q^{n(n-1)} + \beta\, n^{\lambda+2}(n-1)\, q^{n(n-2)} + 2\beta^2 n^{2\lambda+4} \nu(\nu-1)\, q^{n(n-3)} \\ \qquad + n^{2\lambda+4} \nu\, r_1{}^2 q^{n(n-3)} \cdot q^{2(n-1)}. \mod. n^{3\lambda+6}. \end{cases}$$

Aus den beiden Gleichungen (13) und (55)* nämlich:

(68)* $$(p^n - \beta n^{\lambda+2})^n - (q^n + \beta n^{\lambda+2})^n = n^{n(\lambda+2)} r_1{}^n r_n{}^n$$

und:

(69)* $$\begin{cases} (p^n - \beta\, n^{\lambda+2})^n = (q^n + \beta\, n^{\lambda+2} + n^{(\lambda+2)n-1} r_1{}^n)^n \\ \qquad \equiv (q^n + \beta\, n^{\lambda+2})^n + n^{(\lambda+2)n} r_1{}^n (q^n + \beta\, n^{\lambda+2})^{n-1} \\ \qquad \mod. n^{2(\lambda+2)n-1} \end{cases}$$

finden wir jetzt:

$$r_n^n \equiv (q^n + \beta n^{\lambda+2})^{n-1} \mod. n^{(\lambda+2)n-1},$$

oder entwickelt, und durch Vergleichung mit (68)*:

$$(70)^* \quad \begin{cases} q^{n(n-1)} + \beta n^{\lambda+2}(n-1) q^{n(n-2)} + \beta^2 n^{2\lambda+4}\binom{n-1}{2} q^{n(n-3)} \\ \equiv q^{n(n-1)} + \beta n^{\lambda+2}(n-1) q^{n(n-2)} + 2\beta^2 n^{2\lambda+4} \nu(\nu-1) q^{n(n-3)} \\ \quad + n^{2\lambda+4} \nu r_1^2 q^{n(n-3)} q^{2(n-1)} \mod. n^{3\lambda+6}. \end{cases}$$

Hier stimmen die Faktoren von $q^{n(n-1)}$ und $q^{n(n-2)}$ beiderseits überein, und die Vergleichung der Faktoren von $q^{n(n-3)}$ ergibt:

$$(71)^* \qquad \beta^2(n-2) \equiv \beta^2(n-3) + r_1^2 q^{2(n-1)} \mod. n^{\lambda+2}.$$

Nach (58)* und (66)* ist

$$(72)^* \quad \begin{cases} \beta^2 = p^2 q^2 R^2 r_1^2 \equiv p^{n-1} q^{n-1} r_1^2 \equiv [1 + n^{\mu+1}(\pi_1 + \varkappa_1)] r_1^2 \\ \qquad \mod. n^{2\mu+2}; \end{cases}$$

es wird folglich, wenn r_1 nicht durch n teilbar ist:

$$(73)^* \quad \begin{cases} [1 + n^{\mu+1}(\pi_1 + \varkappa_1)] \equiv q^{2(n-1)} \equiv 1 + 2n^{\mu+1}\varkappa_1 \mod. n^{\lambda+2}, \\ \qquad \text{bzw. } \mod. n^{2\mu+2}, \end{cases}$$

je nachdem $\lambda < 2\mu$ oder $\lambda > 2\mu$ ist, folglich auch:

$$(74)^* \qquad \pi_1 - \varkappa_1 \equiv 0 \mod. n^{\lambda-\mu+1} \text{ bzw. } \mod. n^{\mu+1}.$$

Aus der Relation (59)* erhalten wir:

$$(75)^* \quad \begin{cases} p^n - q^n = p - q + n^{\mu+1}(p\pi_1 - q\varkappa_1) \\ \qquad \equiv 2n^{\lambda+2} p^\nu q^\nu r_1 \equiv 2n^{\lambda+2} r_1 \mod. n^{\lambda+\mu+3} \end{cases}$$

und nach (62)* ist die linke Seite

$$(75\text{a})^* \qquad \equiv 2n^{\lambda+1} r_1 + n^{\mu+1} q(\pi_1 - \varkappa_1) \mod. n^{\lambda+\mu+2};$$

es wird also:

$$(76)^* \qquad q(\pi_1 - \varkappa_1) \equiv -2 r_1 n^{\lambda-\mu} \mod. n^{\lambda+1}.$$

Aus dem Zusammenbestehen der Kongruenzen (74)* und (76)* folgt weiter:

$$(77)^* \qquad r_1 \equiv 0 \mod. n.$$

Wenn also die Zahl r' durch n^λ teilbar ist, so ist sie auch durch $n^{\lambda+1}$ teilbar. Da nun im vorhergehenden Paragraphen nachgewiesen wurde, daß r' den Faktor n enthielt, so folgt die Gleichung:

$$r' = 0;$$

und die Gleichungen I) ergeben sodann:

$$x = y, \quad z = 0.$$

Wenn demnach z durch n teilbar sein sollte, so ist diese identische Lösung der Gleichung (13), d. h. der Gleichung:

$$x^n = y^n + z^n$$

die einzig mögliche.

Nachträglich möge noch die in (38b)* gemachte Annahme $\mu \leqq \lambda$ gerechtfertigt werden. Für $\mu > \lambda$ würde man nämlich aus (75)* und (75a)* erhalten:

$$2n^{\lambda+2} r_1 \equiv 2n^{\lambda+1} r_1 + n^{\mu+1} q(\pi_1 - \varkappa_1) \quad \text{mod. } n^{2\lambda+3},$$

also:

$$2r_1 n \equiv 2r_1 + n^{\mu-\lambda} q(\pi_1 - \varkappa_1) \quad \text{mod. } n^{\lambda+2},$$

und folglich wieder

$$r_1 \equiv 0 \quad \text{mod. } n,$$

so daß sich hier das Resultat (77)* direkt aus (75) ergibt.

§ 7. Der Fall II).

Der Fall II) läßt sich in genau der gleichen Weise erledigen. Aus den Identitäten (18) und (22a) erhalten wir bzw.:

$$(80) \qquad \begin{cases} n x^\nu y^\nu = r_n{}^n - \sum\limits_{i=1}^{\nu} N_i x^{i-1} y^{i-1} r^{n(n-2i+1)}, \\ n x^\nu z^\nu = q_n{}^n - \sum\limits_{i=1}^{\nu} N_i x^{i-1} z^{i-1} q^{n(n-2i+1)}, \end{cases}$$

und schließen aus ihnen, wie in (26), (28) und (29) die Kongruenzen:

$$(81) \qquad \begin{cases} q_n \equiv r_n \equiv 1 & \text{mod. } n, \\ y = q \cdot q_n \equiv q & \text{mod. } n, \\ z = r \cdot r_n \equiv r & \text{mod. } n, \\ y + z = q\, q_n + r\, r_n \equiv q + r & \text{mod. } n, \\ y + z = p^n \cdot n^{n-1}, \end{cases}$$

also auch, entsprechend zu (30):

$$q^n + r^n \equiv 0 \quad \text{mod. } n^2,$$

ferner aus IIa):

$$2x = q^n + r^n + p^n n^{n-1} \equiv 0 \quad \text{mod. } n^2.$$

Die Identität (18b) gibt nach Division mit n:

$$(82) \qquad \begin{cases} (-1)^\nu y^\nu z^\nu = p_n{}^n - p^{n(n-1)} n^{n(n-2)} \\ \qquad + \sum\limits_{i=2}^{\nu} (-1)^i N_i x^{i-1} y^{i-1} p^{n(n-2i+1)} n^{n^2-2in+2i-2}. \end{cases}$$

Hieraus folgt, wie oben entsprechend aus (33), daß p durch n teilbar sein muß, während p_n den Faktor n nicht enthalten kann. Wir setzen demnach:

(83) $$x = n \cdot p p_n = n^2 p' p_n.$$

Aus der Gleichung (82) folgt dann:

(84) $$p_n^{\,n} \equiv (-1)^\nu y^\nu z^\nu \mod. n^{4n-2}.$$

Aus (81) erhalten wir:

(85) $$y + z = n^{2n-1} p'^n,$$

und durch Potenzieren:

$$y^\nu + (-1)^\nu z^\nu \equiv (-1)^{\nu-1} n^{2n-1} \cdot \nu \cdot p'^n \cdot z^{\nu-1} \mod. n^{4n-2},$$

aber, analog zu (38), durch Multiplikation mit y^ν bzw. z^ν, und Berücksichtigung von (84):

(86) $$\begin{cases} y^{n-1} \equiv -p_n^{\,n} + n^{2n-1} \cdot \nu \cdot p'^n y^{n-2} \mod. n^{4n-2}, \\ z^{n-1} \equiv -p_n^{\,n} + n^{2n-1} \cdot \nu \cdot p'^n z^{n-2} \mod. n^{4n-2}. \end{cases}$$

Ferner ist nach II) und (83):

$$y = x - r^n = n^2 p' p_n - r^n,$$
$$z = x - q^n = n^2 p' p_n - q^n;$$

und hieraus erhält man, wie in (38a):

(87) $$y^{n-1} \equiv z^{n-1} \equiv 1 \mod. n^2,$$

so daß man zu dem Schlusse

(88) $$y^{n-1} = 1 + n^2 \eta, \quad z^{n-1} = 1 + n^2 \zeta, \quad p_n \equiv 1 \mod. n$$

geführt wird.

An Stelle von (50) haben wir hier die Gleichungen:

(89) $$\begin{cases} q^{n-1} = 1 + n\varkappa, & r^{n-1} = 1 + n\varrho, \\ q_n \;\;\;\; = 1 + n\varkappa', & r_n \;\;\;\; = 1 + n\varrho', \end{cases}$$

und an Stelle von (51):

(90) $$\begin{cases} x - y = r^n = n^2 p' p_n - q q_n, \\ x - z = q^n = n^2 p' p_n - r r_n, \end{cases}$$

also infolge von II):

$$r^n = r + n r \varrho = n^2 p' p_n - q - n q \varkappa',$$
$$q^n = q + n q \varkappa = n^2 p' p_n - r - n r \varrho',$$

somit, analog zu (52):

(91) $$q + r - n^2 p' p_n = -n(r\varrho + q\varkappa') = -n(r\varrho' + q\varkappa).$$

An Stelle von (52a) erhalten wir also:

(92) $$q(\varkappa' - \varkappa) = r(\varrho' - \varrho),$$

und an Stelle von (53):

(93) $$\begin{cases} Nq = \varrho' - \varrho, \\ Nr = \varkappa' - \varkappa, \end{cases}$$

wo N eine ganze Zahl bezeichnet. Die Berechnung der Summe $y + z$ gibt hier, unter Benutzung von (85):

$$n^{2n-1}p'^n = q q_n + r r_n = q + r + n(q\varkappa' + r\varrho');$$

analog zu (53) erhalten wir hieraus:

$$N(p_n - n^{2n-3}p'^{n-1})p' \cdot n = -(\varrho - \varrho')(\varkappa - \varkappa');$$

und daran lassen sich dieselben Schlüsse anknüpfen, wie oben an die entsprechende Gleichung, so daß wir zu dem Ansatze:

(94) $$\begin{cases} q^{n-1} = 1 + n\varkappa, & r^{n-1} = 1 + n\varrho, \\ q_n \quad = 1 + n\varkappa + n^2\varkappa_1, & r_n \quad = 1 + n\varrho + n^2\varrho_1 \end{cases}$$

berechtigt sind. Die Bildung der Ausdrücke $x - y$ und $x - z$ ergibt jetzt:

$$r^n = r + nr\varrho = p_n p' n^2 - q - nq\varkappa - n^2 q\varkappa_1,$$
$$q^n = q + nq\varkappa = p_n p' n^2 - r - nr\varrho - n^2 r\varrho_1,$$

also:

(95) $$q + r + n(r\varrho + q\varkappa) - p_n p' \cdot n^2 = -n^2 q\varkappa_1 = -n^2 r\varrho_1.$$

Die Summe $y + z = n^{2n-1}p'^n$ gibt jetzt:

$$n^{2n-1}p'^n = q q_n + r r_n = q + r + n(q\varkappa + r\varrho) + n^2(q\varkappa_1 + r\varrho_1);$$

wir erhalten demnach:

$$q + r = -n(q\varkappa + r\varrho) - n^2(q\varkappa_1 + r\varrho_1) + n^{2n-1}p'^n$$
$$= -n(q\varkappa + r\varrho) - n^2 q\varkappa_1 + n^2 p_n p',$$

und folglich, unter Benutzung von (95):

$$q\varkappa_1 = r\varrho_1 = -p_n p' + n^{2n-3}p'^n,$$

wodurch wir zu den Gleichungen (P bezeichnet eine ganze Zahl):

(96) $$\varkappa_1 = Prp', \quad \varrho_1 = Pqp', \quad p_n - n^{2n-3}p^{n-1} = -Pqr$$

geführt werden, aus denen sich sofort die folgenden ergeben:

(97) $$\begin{cases} 2x = n^{2n-1}p'^n + q^n + r^n = 2n^{2n-1}p'^n - 2n^2 qrp'P, \\ 2y = n^{2n-1}p'^n + q^n - r^n = 2q^n + 2n^2 qrp'P, \\ 2z = n^{2n-1}p'^n - q^n + r^n = 2r^n + 2n^2 qrp'P, \end{cases}$$

mit der aus (85) hervorgehenden Bedingung:

$$(98) \qquad q^n + r^n = n^{2n-1} p'^n - 2n^2 p' q r P;$$

und es ist klar, daß man aus diesen Gleichungen dieselben Schlüsse ziehen kann, wie oben aus den Gleichungen (64), so daß man zu der Annahme $p' = 0$ als der einzig möglichen auch hier gelangt. Auch die Annahme II) ist damit als unmöglich erwiesen.

§ 8. Vorbereitende Formeln für die Aufstellung eines Hilfssatzes zur Erledigung des Falles III).

Die Erledigung des Falles III) werden wir in § 20 auf die Frage zurückführen, ob für diese nicht durch n teilbare ganze Zahlen p, q, r die drei Gleichungen

$$(99) \qquad \begin{cases} p - q - r = a n, \\ p^n - q^n - r^n = b n^2, \\ p^{n^2} - q^{n^2} - r^{n^2} = c n^3 \end{cases}$$

gleichzeitig bestehen können, bzw. welche Relationen unter Annahme dieser Gleichungen zwischen den Zahlen a, b, c bestehen müssen. Dabei ist zu beachten, daß die beiden ersten Gleichungen nach dem Fermatschen Satze eine Folge der dritten sind, wenn für die Zahlen a und b passende Werte eingesetzt werden.

Wir beginnen mit der mittleren Gleichung (99) und stellen zunächst eine Reihe von Formeln auf, die aus ihr unmittelbar hervorgehen.

Ersetzen wir in der fundamentalen Identität (8) die willkürlichen Zahlen x, y bzw. durch p^n, q^n, so wird:

$$(100) \quad p^{n^2} - q^{n^2} - (p^n - q^n)^n = \sum_{i=2}^{\nu+1} N_i \, p^{n(i-1)} q^{n(i-1)} (p^n - q^n)^{n-2i+2},$$

und dies ist eine identische Gleichung. Die linke Seite ist nach dem erweiterten Fermatschen Satze mit $p^n - q^n - (p^n - q^n)^n$ in bezug auf den Modul n^2 äquivalent, also nach (99) mit $p^n - q^n - r^n$ und somit durch n^2 teilbar; die rechte Seite enthält den Faktor n, da nach § 1 alle Zahlen N_i (für $i > 1$) durch n teilbar sind. Setzen wir also:

$$(101) \qquad n\, T_r = \sum_{i=2}^{\nu+1} N_i \, p^{n(i-2)} q^{n(i-2)} r^{n(n-2i+1)},$$

so ist T_r eine ganze Zahl, und es wird die rechte Seite von (100) gleich $n p^n q^n r^n T_r$; es folgt also:

$$0 \equiv n \cdot p^n q^n r^n \cdot T_r \mod. n^2,$$

und sonst:

$$T_r \equiv 0 \mod. n. \tag{102}$$

Ersetzen wir in der Identität (10) ebenfalls die Zahlen x, y bzw. durch p^n, q^n, so ergibt sich:

$$\tag{103} \begin{cases} n\left[p^{n(n-1)} - (p^n - q^n)^{n-1}\right] \\ = \sum_{i=2}^{\nu+1} N_i (n - 2i + 2) p^{n(i-1)} q^{n(i-1)} (p^n - q^n)^{n-2i+1} \\ + \sum_{i=2}^{\nu+1} N_i (i-1) p^{n(i-2)} q^{n(i-1)} (p^n - q^n)^{n-2i+2}. \end{cases}$$

Setzen wir also:

$$n T_{1r} = \sum_{i=2}^{\nu+1} N_i (i-1) p^{n(i-2)} q^{n(i-2)} r^{n(n-2i+1)}, \tag{104}$$

wo dann T_{1r} eine ganze Zahl bedeutet, so wird in Rücksicht auf die zweite Gleichung (99):

$$n(p^{n(n-1)} - r^{n(n-1)}) \equiv n^2 p^n q^n T_r + n(q^n r^n - 2p^n q^n) T_{1r} \mod. n^3. \tag{105}$$

Die linke Seite ist wegen der Kongruenzen:

$$p^{n(n-1)} \equiv r^{n(n-1)} \equiv 1 \mod n^2$$

durch n^3 teilbar, T_r nach (102) durch n; es wird also:

$$(r^n - 2p^n) T_{1r} \equiv 0 \mod. n^2, \tag{106}$$

denn der Faktor q^n kann der Voraussetzung nach nicht durch n teilbar sein. Es ist also T_{1r} durch n^2 teilbar, ausgenommen den Fall, wo die Zahl $r^n - 2p^n [\equiv -(p^n + q^n)]$ durch n teilbar ist.

Zu weiteren Resultaten gelangen wir, indem wir auf der linken und rechten Seite von (103) auch die dritte Potenz von n berücksichtigen. Wir führen drei Zahlen π, $\varkappa$, ϱ ein, die durch folgende Gleichungen definiert seien:

$$p^{n-1} = 1 + n\pi, \quad q^{n-1} = 1 + n\varkappa, \quad r^{n-1} = 1 + n\varrho. \tag{107}$$

Dann wird auf der linken Seite von (103):

$$\tag{108} \begin{cases} n\left[p^{n(n-1)} - (p^n - q^n)^{n-1}\right] \\ \equiv n(p^{n(n-1)} - r^{n(n-1)} + b n^2 r^{n(n-2)}) \mod. n^4 \\ \equiv n^3(\pi - \varrho + b r^{n-2}) \mod. n^4. \end{cases}$$

Auf der rechten Seite von (103) ist:

$$(108\text{a})\quad \begin{cases} \sum_{i=2}^{\nu+1} N_i(n-2i+2)\,p^{n(i-1)}\,q^{n(i-1)}\,(p^n-q^n)^{n-2i+1} \\ \equiv \sum_{i=2}^{\nu+1} N_i(n-2i+2)\,p^{n(i-1)}\,q^{n(i-1)}\,[r^{n(n-2i+1)} \\ \qquad + b\,n^2(n-2i+1)\,r^{n(n-2i)}] \\ \equiv n^2 p^n q^n T_r - 2n p^n q^n T_{1r} + 2b n^3 p^n q^n T_{2r} \mod n^4, \end{cases}$$

wenn T_r wieder durch (101) und die ganze Zahl T_{2r} durch die Gleichung:

$$(108\text{b})\qquad n\,T_{2r} = \sum_{i=2}^{\nu} N_i(2i-1)(i-1)\,p^{n(i-2)}\,q^{n(i-2)}\,r^{n(n-2i)}$$

definiert wird (denn das für $i=\nu+1$ entstehende letzte Glied hat den Faktor $n-2(\nu+1)+1$, d. h. den Faktor Null). Die andere Summe auf der rechten Seite von (103) ist, wenn man die zweite Gleichung (99) berücksichtigt:

$$\sum_{i=2}^{\nu+1} N_i(i-1)\,p^{n(i-2)}\,q^{n(i-1)}\,(p^n-q^n)^{n-2i+2}$$

$$\equiv \sum_{i=2}^{\nu+1} N_i(i-1)\,p^{n(i-2)}\,q^{n(i-1)}\,[r^{n(n-2i+2)} + b\,n^2(n-2i+2)\,r^{n(n-2i+1)}]$$

$$\equiv q^n r^n \cdot n\,T_{1r} - 2b\,n^3\,T_{3r}\,q^n \mod n^4,$$

wenn:

$$(109)\qquad n\,T_{3r} = \sum_{i=2}^{\nu+1} N_i(i-1)^2\,p^{n(i-2)}\,q^{n(i-2)}\,r^{n(n-2i+1)}$$

gesetzt wird. Wegen der Relation:

$$(2i-1)(i-1) = 2(i-1)^2 + (i-1)$$

ist aber (da $N_{\nu+1} = n$ war):

$$(109\text{a})\qquad n\,T_{2r}\,r^n = 2n\,T_{3r} + n\,T_{1r} - n^2\nu\,p^{n(\nu-1)}\,q^{n(\nu-1)}.$$

Es wird demnach:

$$(109\text{b})\quad \begin{cases} \sum_{i=2}^{\nu+1} N_i(i-1)\,p^{n(i-2)}\,q^{n(i-1)}\,(p^n-q^n)^{n-2i+2} \\ \qquad \equiv n\,q^n r^n T_{1r} + b\,n^3 q^n T_{1r} - b\,n^3 q^n r^n T_{2r} \mod n^4. \end{cases}$$

Setzen wir die Werte (104), (105) und (109) in (103) ein, so ergibt sich:

$$(110)\quad \begin{cases} (\pi - \varrho + b\,r^{n(n-2)})\,n^2 \equiv n\,p^n q^n T_r + q^n(r^n - 2p^n)(T_{1r} - b\,n^2 T_{2r}) \\ \qquad\qquad + b\,n^2 q^n T_{1r} \mod n^3, \end{cases}$$

wobei zu beachten ist, daß nach (102) die Zahl T_r durch n, und nach (106) das Produkt:

$$(r^n - 2p^n)(T_{1r} - bn^2 T_{2r})$$

durch n^2 teilbar ist. In Rücksicht darauf, daß T_{1r} den Faktor n^2 enthält und daß

$$r^n - 2p^n \equiv -(q^n + r^n) \quad \text{mod. } n^2$$

ist, kann die Kongruenz (110) auch in der Form

$$(111) \quad \begin{cases} p^{n(n-1)} - r^{n(n-1)} + bn^2 r^{n(n-2)} \\ \equiv np^n q^n T_r - q^n(q^n + p^n)(T_{1r} - bn^2 T_{2r}) \quad \text{mod. } n^3. \end{cases}$$

Hierbei ist vorausgesetzt, daß $q^n + p^n$ nicht durch n teilbar sei, denn nur dann ist nach (106) die Zahl T_{1r} notwendig durch n^2 teilbar. Es soll demnach im folgenden zunächst angenommen werden, daß keine der drei Zahlen $p^n + q^n$, $p^n + r^n$, $q^n - r^n$ durch n teilbar sei.

Indem wir auch in der Identität (10a) die Zahlen x, y bzw. durch p^n, q^n ersetzen, erhalten wir:

$$(112) \quad \begin{cases} n\left[(p^n - q^n)^{n-1} - q^{n(n-1)}\right] \\ = -\sum\limits_{i=2}^{\nu+1} N_i(n - 2i + 2)\, p^{n(i-1)} q^{n(i-1)} (p^n - q^n)^{n-2i+1} \\ + \sum\limits_{i=2}^{\nu+1} N_i(i-1)\, p^{n(i-1)} q^{n(i-2)} (p^n - q^n)^{n-2i+2}. \end{cases}$$

Die eckige Klammer der linken Seite ist hier

$$\equiv \left[r^{n(n-1)} - q^{n(n-1)} - bn^2 r^{n(n-2)}\right] \quad \text{mod. } n^3$$

und auf der rechten Seite die erste Summe wieder durch (108a) gegeben; die zweite Summe unterscheidet sich von der Summe (109b) nur um einen Faktor, sie ist:

$$\equiv np^n r^n T_{1r} + bn^3 p^n T_{1r} + 2\nu bn^3 p^n r^n T_{2r} \quad \text{mod. } n^4,$$

so daß wir erhalten:

$$(113) \quad \begin{cases} r^{n(n-1)} - q^{n(n-1)} - bn^2 r^{n(n-2)} \\ \equiv -np^n q^n T_r + p^n(r^n + 2q^n)(T_{1r} - bn^2 T_{2r}) \\ \equiv -np^n q^n T_r + p^n(p^n + q^n)(T_{1r} - bn^2 T_{2r}) \quad \text{mod. } n^3. \end{cases}$$

In allen unseren Rechnungen kommen die Zahlen q und r symmetrisch vor; in vorstehenden Formeln darf daher auch überall q mit r vertauscht werden. Bezeichnen wir demnach mit T_q, T_{1q}, T_{2q} die Zahlen, welche aus T_r, T_{1r}, T_{2r} durch diese Vertauschung entstehen, d. h. setzen wir:

(114) $$n\,T_q = \sum_{i=2}^{\nu+1} N_i\, p^{n(i-2)}\, r^{n(i-2)}\, q^{n(n-2i+1)},$$

(115) $$n\,T_{1q} = \sum_{i=2}^{\nu+1} N_i (i-1)\, p^{n(i-2)}\, r^{n(i-2)}\, q^{n(n-2i+1)},$$

(116) $$n\,T_{2q} = \sum_{i=2}^{\nu} N_i (2i-1)(i-1)\, p^{n(i-2)}\, r^{n(i-2)}\, q^{n(n-2i)},$$

so bestehen auch die folgenden beiden Kongruenzen:

(117) $$\begin{cases} p^{n(n-1)} - q^{n(n-1)} + b\,n^2 q^{n(n-2)} \\ \equiv n\,p^n r^n T_q - r^n (r^n + p^n)(T_{1q} - b\,n^2 T_{2q}) \mod n^3 \end{cases}$$

und:

(118) $$\begin{cases} q^{n(n-1)} - r^{n(n-1)} - b\,n^2 q^{n(n-2)} \\ \equiv -\,n\,p^n r^n T_q + p^n (p^n + r^n)(T_{1q} - b\,n^2 T_{2q}) \mod n^3. \end{cases}$$

Multiplizieren wir die Kongruenz (111) mit p^n, die Kongruenz (113) mit q^n und bilden die Summe, so wird:

$$p^{n^2} - q^{n^2} - r^{n(n-1)}(p^n - q^n) + b\,n^2 r^{n(n-2)}(p^n - q^n)$$
$$\equiv n\,T_r p^n q^n (p^n - q^n) \mod n^3,$$

oder:

(119) $$p^{n^2} - q^{n^2} - r^{n^2} \equiv n\,T_r p^n q^n r^n \mod n^3.$$

Dasselbe Resultat erhält man auch leicht direkt aus (100); wie es nach dem EULERschen Theoreme über homogene Funktionen sein muß. Durch Anwendung der zweiten Gleichung (99) auf die Identität (100) und durch Entwicklung nach Potenzen von n erhalten wir genauer:

$$p^{n^2} - q^{n^2} - r^{n^2} - b\,n^3 r^{n(n-1)}$$
$$\equiv \sum_{i=2}^{\nu+1} N_i\, p^{n(i-1)}\, q^{n(i-1)}\, (r^n + b\,n^2)^{n-2i+2} \mod n^5,$$

oder:

(119a) $$\begin{cases} p^{n^2} - q^{n^2} - r^{n^2} \equiv b\,n^3 + n\,p^n q^n r^n T_r - 2b\,n^3 p^n p^n T_{1r} \\ \equiv b\,n^3 + n\,p^n q^n r^n T_r \mod n^5, \end{cases}$$

denn T_{1r} ist nach (106) durch n^2 teilbar. Ebenso ist:

(120) $$p^{n^2} - q^{n^2} - r^{n^2} \equiv b\,n^3 + n\,p^n q^n r^n T_q \mod n^5,$$

und folglich:

(121) $$T_r \equiv T_q \mod n^4.$$

Dieselben Rechnungen lassen sich auch durchführen, indem man von der zwischen q^n und r^n, analog zu (100), bestehenden Identität ausgeht; dieselbe lautet:

(122) $$q^{n^2} + r^{n^2} - (q^n + r^n)^n = \sum_{i=2}^{\nu+1} N_i (-1)^{i-1}\, q^{n(i-1)}\, r^{n(i-1)} (q^n + r^n)^{n-2i+2}.$$

Setzt man also, analog zu (101):

(123) $$n\,T_p = \sum_{i=2}^{\nu+1} N_i (-1)^{i-2} q^{n(i-2)} r^{n(i-2)} p^{n(n-2i+1)},$$

so folgt wieder:

(124) $$T_p \equiv 0 \quad \text{mod. } n.$$

Die zu (103) analoge Identität ergibt:

(125) $$\left\{\begin{aligned} & n\,[q^{n(n-1)} - (q^n + r^n)^{n-1}] \\ & = \sum_{i=2}^{\nu+1} N_i (-1)^{i-1} (n - 2i + 2)\, q^{n(i-1)} r^{n(i-1)} (q^n + r^n)^{n-2i+1} \\ & + \sum_{i=2}^{\nu+1} N_i (-1)^{i-1} (i-1)\, q^{n(i-2)} r^{n(i-1)} (q^n + r^n)^{n-2i+2} \\ & \equiv n^2 q^n r^n T_p - n\, r^n (p^n - 2\, q^n)\, T_{1p} \quad \text{mod. } n^3, \end{aligned}\right.$$

wenn:

(126) $$n\,T_{1p} = \sum_{i=2}^{\nu+1} N_i (-1)^{i-2} (i-1)\, q^{n(i-2)} r^{n(i-2)} p^{n(n-2i+1)}$$

gesetzt wird; und aus (122) folgt, analog zu (106):

(127) $$(p^n - 2\, q^n)\, T_{1p} \equiv 0 \quad \text{mod. } n^2.$$

Berücksichtigen wir auch die dritte Potenz von n, so ist die linke Seite von (125):

(128) $$\equiv n\,[q^{n(n-1)} - p^{n(n-1)} - b\, n^2 p^{n(n-2)}] \quad \text{mod. } n^4.$$

Auf der rechten Seite (125) ist die erste Summe:

(129) $$\equiv -\, n^2 q^n r^n T_p + 2\, n\, q^n r^n T_{1p} + 2 b\, n^3 q^n r^n T_{2p} \quad \text{mod. } n^4,$$

wenn, analog zu (106):

(130) $$n\,T_{2p} = \sum_{i=2}^{\nu} N_i (-1)^{i-2} (2i-1)(i-1)\, q^{n(i-2)} r^{n(i-2)} p^{n(n-2i)}.$$

Die zweite Summe auf der rechten Seite von (125) ist:

(131) $$\equiv -\, n\, p^n r^n T_{1p} - 2 b\, n^3 T_{3p} r^n \quad \text{mod. } n^5,$$

wo:

$$n\,T_{3p} = \sum_{i=2}^{\nu+1} N_i (i-1)^2 (-1)^{i-2} q^{n(i-2)} r^{n(i-2)} p^{n(n-2i+1)}.$$

Diese Zahl läßt sich auf T_{2p} mittels der zu (108) analogen Relation:

(132) $$n\,T_{2p} p^n = 2n\,T_{3p} + n\,T_{1p} + n^2 \nu (-1)^\nu q^{n(\nu-1)} r^{n(\nu-1)}$$

zurückführen; folglich wird der mit 2 multiplizierte Ausdruck (131):

(133) $$\equiv -\, 2n\, p^n r^n T_{1p} + 2 b\, n^3 r^n T_{1p} - b\, n^3 p^n r^n T_{2p} \quad \text{mod. } n^4.$$

Durch Einsetzen der Werte (128), (129) und (132) in die Identität (125) findet man (da T_{1p} durch n^2 teilbar ist):

$$(134)\quad \begin{cases} q^{n(n-1)} - p^{n(n-1)} - b\,n^2 p^{n(n-2)} \\ \equiv -2\,n\,q^n r^n T_p + r^n(q^n - r^n)(T_{1p} + b\,n^2 T_{2p}) \mod. n^4. \end{cases}$$

Durch Vertauschung von q mit r ergibt sich ebenso:

$$(135)\quad \begin{cases} r^{n(n-1)} - p^{n(n-1)} - b\,n^2 p^{n(n-2)} \\ \equiv -n\,q^n r^n T_p - q^n(q^n - r^n)(T_{1p} + b\,n^2 T_{2p}) \mod. n^4. \end{cases}$$

Durch Anwendung der zweiten Gleichung (99) auf die Identität (122) erhalten wir ferner die zu (119a) analoge Kongruenz:

$$(136)\quad p^{n^2} - q^{n^2} - r^{n^2} \equiv b\,n^3 + n\,T_p p^n q^n r^n \mod. n^5.$$

Die Kongruenz (121) können wir demnach in der folgenden Form erweitern; es ist:

$$(137)\quad T_p \equiv T_q \equiv T_r \mod. n^4.$$

Die hier aufgestellten Kongruenzen sind sämtlich eine Folge der zweiten Gleichung (99), unter der Voraussetzung, daß keine der Zahlen $p^n + q^n$, $p^n + r^n$, $q^n - r^n$ durch n teilbar sei.

Um die Übersicht zu erleichtern, wollen wir noch folgende Bezeichnungen einführen; es sei:

$$(138)\quad \begin{cases} (q^n - r^n)(T_{1p} + b\,n^2 T_{2p}) = n^2 S_p, \\ (r^n + p^n)(T_{1q} - b\,n^2 T_{2q}) = n^2 S_q, \\ (q^n + p^n)(T_{1r} - b\,n^2 T_{2r}) = n^2 S_r. \end{cases}$$

Die Kongruenzen (111), (113), (117), (118), (134), (135) lauten dann (mod. n^3).*)

$$(139)\quad p^{n(n-1)} - r^{n(n-1)} + b\,n^2 r^{n(n-2)} \equiv n\,T_r p^n q^n - n^2 q^n S_r,$$

$$(139\,a)\quad r^{n(n-1)} - q^{n(n-1)} - b\,n^2 r^{n(n-2)} \equiv -n\,T_r p^n q^n + n^2 p^n S_r,$$

$$(139\,b)\quad p^{n(n-1)} - q^{n(n-1)} + b\,n^2 q^{n(n-2)} \equiv n\,T_q r^n p^n - n^2 r^n S_q,$$

$$(139\,c)\quad q^{n(n-1)} - r^{n(n-1)} - b\,n^2 q^{n(n-2)} \equiv -n\,T_q r^n p^n + n^2 p^n S_q,$$

$$(139\,d)\quad q^{n(n-1)} - p^{n(n-1)} - b\,n^2 p^{n(n-2)} \equiv -n\,T_p q^n r^n + n^2 r^n S_p,$$

$$(139\,e)\quad r^{n(n-1)} - p^{n(n-1)} - b\,n^2 p^{n(n-2)} \equiv -n\,T_p q^n r^n - n^2 q^n S_p.$$

*) Diese Kongruenzen sind von den entsprechenden meiner früheren Arbeit (a. a. O.) nur scheinbar verschieden, da jetzt die Zahlen T_p, T_q, T_r etwas anders definiert sind, so daß sie sich von den früher so bezeichneten Zahlen um Faktoren unterscheiden. Durch gewisse Vertauschungen gehen diese Kongruenzen auseinander hervor. Im folgenden werden wir diese Vertauschungen benutzen, ohne jedesmal die entstehenden Resultate direkt zu begründen.

Aus den ersten beiden Kongruenzen findet man durch Addition:

(140) $$p^{n(n-1)} - q^{n(n-1)} \equiv n^2 S_r r^n \quad \text{mod. } n^3,$$

ebenso aus (139b) und (139c) durch Subtraktion:

(140a) $$p^{n(n-1)} - r^{n(n-1)} \equiv n^2 S_q q^n \quad \text{mod. } n^3,$$

und aus (139d) und (139e):

(140b) $$q^{n(n-1)} - r^{n(n-1)} \equiv n^2 S_p p^n \quad \text{mod. } n^3.$$

Aus diesen drei Kongruenzen folgt beiläufig die Relation:

(141) $$S_p p^n \equiv S_q q^n - S_r r^n \quad \text{mod. } n.$$

Benutzen wir endlich auch die Identität (11), indem wir x, y bzw. durch p^n, q^n ersetzen, so ergibt sich aus ihr nach Multiplikation mit $p^n - q^n (\equiv r^n \text{ mod. } n^2)$:

(142) $$\begin{cases} n(n-1) \cdot r^{n(n-1)} \equiv - [n^3 p^n q^n T_r - n^3 p^{n\nu} q^{n\nu}] \\ \qquad -2n p^n q^n r^n T_{2r} + 2n^2 p^n q^n (T_{1r} - \nu p^{n(\nu-1)} q^{n(\nu-1)}) \\ \qquad + n^2 (p^n q^n T_r - p^{n\nu} q^{n\nu}) + n r^{2n} T_{3r} \\ \qquad + n^2 r^{2n} T_{1r} - 2n r^{2n} T_{3r} \quad \text{mod. } n^3, \end{cases}$$

also, da T_{1r} durch n^2 und T_r durch n teilbar ist:

$$(n-1) \equiv -2 p^n q^n r^n T_{2r} - r^{2n} T_{3r} - n^2 p^{n\nu} q^{n\nu} \quad \text{mod. } n^2,$$

oder nach (109a):

(143) $$\begin{cases} n - 1 \equiv -(4 p^n q^n + r^{2n}) T_{3r} + 2 n \nu p^\nu q^\nu \\ \qquad \equiv -(p^n + q^n)^2 T_{3r} - n p^\nu q^\nu \quad \text{mod. } n^2 \end{cases}$$

oder:

$$2(n-1) \equiv -(p^n + q^n)^2 (r^n T_{2r} + n \nu p^{\nu-1} q^{\nu-1}) - 2 n p^\nu q^\nu \quad \text{mod. } n^2.$$

Hieraus geht hervor, daß die Zahlen T_{3r} und T_r nicht durch n teilbar sein können. Am meisten werden wir im folgenden die vereinfachten Kongruenzen

(143a) $$\begin{cases} (p^n + q^n)^2 \quad T_{3r} \equiv 1 \quad \text{mod. } n \\ (p^n + q^n)^2 r^n T_{2r} \equiv 2 \quad \text{mod. } n \end{cases}$$

benutzen.

Betrachten wir noch den bisher ausgeschlossenen Fall, wo $q - r$ durch n teilbar ist. Dann reduziert sich die zweite Gleichung (99) auf:

(144) $$p^n \equiv 2 q^n \quad \text{mod. } n^2.$$

In (106) kann jetzt der Faktor $r^n - 2p^n (\equiv q^n - 2p^n)$ nicht durch n teilbar sein; es folgt also $T_{1r} \equiv 0$ mod. n und ebenso: $T_{1q} \equiv 0$ mod. n. Aus (143) erhalten wir durch Potenzieren:

(144a) $$2^{n-1} \equiv 1 \quad \text{mod. } n^2.$$

Nur für Zahlen n, die dieser Bedingung genügen, kann also der Fall $q \equiv r$ eintreten. Eine Bestätigung dieses Resultates geben auch unsere allgemeinen Summenformeln. Die Gleichung (103) war für die Größen p^n und q^n identisch erfüllt; wir dürfen also p^n durch 2, q^n durch 1 ersetzen; das gibt:

$$(145)\qquad \begin{cases} n(2^{n-1}-1) = \sum N_i(n-2i+2)2^{i-1} + \sum N_i(i-1)2^{i-2} \\ \qquad = n\sum N_i 2^{i-1} - 3\sum N_i(i-1)2^{i-2}. \end{cases}$$

Machen wir andererseits in (112) dieselbe Substitution, so wird:

$$0 = \sum N_i(i-1)2^{i-1} - \sum N_i(n-2i+2)2^{i-1}$$

oder:

$$(145\text{a})\qquad n\sum N_i 2^{i-1} = 6\sum N_i(i-1)2^{i-2}.$$

Drücken wir demgemäß die erste Summe durch die zweite aus, so erhalten wir aus (145):

$$(145\text{b})\qquad n(2^{n-1}-1) = 3\sum N_i(i-1)2^{i-2}.$$

Ferner ist nach (104) in unserem Falle (d. h. für $q \equiv r$):

$$(145\text{c})\qquad n\,T_{1q} = q^{n(n-3)}\sum N_i(i-1)2^{i-2}.$$

Man ersieht hieraus, daß die Bedingung $T_{1q} \equiv 0 \bmod. n^2$ im Falle $q \equiv r$ in der Tat mit der Bedingung (144) übereinstimmt.

Analog folgt aus (122), wenn man q^n und r^n durch 1 ersetzt:

$$(146)\qquad 2(1-2^{n-1}) = \sum N_i(-1)^{i-1}2^{n-2i+2}$$

und aus (125) erhält man dasselbe Resultat. Beiläufig finden wir also die Relation:

$$n\sum N_i(-1)^{i-1}2^{n-2i+1} = -3\sum N_i(i-1)2^{i-2}.$$

§ 9. Fortsetzung. — Folgerungen aus der dritten Gleichung (99).

Alle vorstehenden Überlegungen und Rechnungen können in ganz derselben Weise durchgeführt werden, wenn man überall p^n, q^n, r^n bzw. durch $p^{n^2}, q^{n^2}, r^{n^2}$ ersetzt. An Stelle der zweiten Gleichung (99) haben wir dann die dritte Gleichung, d. h. die Gleichung:

$$(147)\qquad p^{n^2} - q^{n^2} - r^{n^2} = c\,n^3$$

zugrunde zu legen. Wir haben also die Zahl b überall durch cn zu ersetzen und somit in allen vorstehenden Kongruenzen die Potenz des Moduls um eine Einheit zu erhöhen. Seien T_r', S_r' die Zahlen, welche aus T_r, S_r entstehen, wenn man $p^{n^2}, q^{n^2}, r^{n^2}$ für p^n, q^n, r^n einsetzt, so ist z. B. analog zu (111), wie man mittels der erwähnten Substitution aus (103) findet:

$$(148)\qquad \begin{cases} p^{n^2(n-1)} - r^{n^2(n-1)} + c\,n^3 r^{n^2(n-2)} \\ \equiv n\,T_r' p^{n^2} q^{n^2} - q^{n^2}(p^{n^2} + q^{n^2})(T_{1r}' - c\,n^3\, T_{2r}') \\ \equiv n\,T_r' p^{n^2} q^{n^2} - q^{n^2} S_r' \, n^2 \qquad \text{mod. } n^4. \end{cases}$$

Hierin haben nach obigem die Zahlen T' folgende Werte:

$$(148\text{a})\qquad \begin{cases} n\,T_r' = \sum_{i=2}^{\nu+1} N_i\, p^{n^2(i-2)}\, q^{n^2(i-2)}\, r^{n^2(n-2i+1)}, \\ n\,T_{1r}' = \sum_{i=2}^{\nu+1} N_i (i-1)\, p^{n^2(i-2)}\, q^{n^2(i-2)}\, r^{n^2(n-2i+1)}, \\ n\,T_{2r}' = \sum_{i=2}^{\nu} N_i (2i-1)(2i-2)\, p^{n^2(i-2)}\, q^{n^2(i-2)}\, r^{n^2(n-2i)}, \end{cases}$$

und es ist, analog zu (138), zu setzen:

$$(149)\qquad n^2 S_r' = (q^{n^2} + p^{n^2})(T_{1r}' - c\,n^3\, T_{2r}').$$

An Stelle der Kongruenz (100) bzw. (120) erhält man ebenso:

$$(149\text{a})\qquad p^{n^3} - q^{n^3} - r^{n^3} \equiv c\,n^4 + n\,p^{n^2} q^{n^2} r^{n^2}\, T_r' - 2\,c\,n^4 p^{n^2} q^{n^2}\, T_{1r}' \quad \text{mod. } n^5.$$

Wegen der Kongruenz $p^{n^3} \equiv p^{n^2}$ mod. n^3 ist die linke Seite infolge der Gleichung (147) durch n^3 teilbar; es folgt also:

$$(150)\qquad T_r' \equiv 0 \quad \text{mod. } n^2$$

und entsprechendes gilt für T_q' und T_p', wenn diese Zahlen in analoger Weise definiert werden. Aus (148) erhalten wir dann weiter

$$(151)\qquad T_{1r}' \equiv 0 \quad \text{mod. } n^3,$$

denn nach (107) ist:

$$(152)\qquad p^{n^2(n-1)} - r^{n^2(n-1)} \equiv n^3(\pi - \varkappa) \quad \text{mod. } n^4.$$

Infolge der Kongruenzen (150) und (151) kann die an Stelle von (120) tretende Relation in der Form:

$$(153)\qquad p^{n^3} - q^{n^3} - r^{n^3} \equiv c\,n^4 + n\,p^n q^n r^n\, T_r' \quad \text{mod. } n^5$$

geschrieben werden; und infolge von (152) kann man in (148) beiderseits mit n dividieren, wodurch man findet:

$$(154)\qquad (p^{n(n-1)} - r^{n(n-1)}) + c\,n^2 r^{n(n-2)} \equiv T_r' p^n q^n - q^{n^2} S_r' n \quad \text{mod. } n^3.$$

Ebenso sind die anderen Kongruenzen (139a), (139b), ..., (139e) leicht durch die entsprechenden zu ersetzen. Auf der rechten Seite von (154) ist S_r' durch n teilbar, denn man hat:

$$(155)\qquad n^2 S_r' = (p^{n^2} + q^{n^2})(T_{1r}' - c\,n^3\, T_{2r}') \equiv (p^n + q^n)(T_{1r}' - c\,n^3\, T_{2r}') \;\text{mod.} n^4.$$

An Stelle von (140) haben wir hier:

$$(156)\qquad p^{n(n-1)} - q^{n(n-1)} \equiv n\, S_r' r^n \quad \text{mod. } n^3,$$

und hieraus erhält man durch Vertauschungen zwei weitere Kongruenzen, entsprechend zu (140a) und (140b).

Für uns kommt es darauf an, die Folgerungen zu ziehen, die durch das gleichzeitige Bestehen der Gleichung (147) und der Gleichung

$$p^n - q^n - r^n = b\,n^2 \tag{157}$$

bedingt sind, wobei zu beachten ist, daß eine Gleichung der letzteren Form nach dem FERMATschen Satze immer bestehen muß, wenn die Gleichung (147) erfüllt ist.

Aus der Gleichung (147) und der Kongruenz (136) folgt zunächst:

$$\left\{\begin{aligned}(b-c)\,n^2 &\equiv -p^n q^n r^n T_p \\ &\equiv -p^n q^n r^n T_q \equiv -p^n q^n r^n T_r \quad \text{mod. } n^4.\end{aligned}\right. \tag{158}$$

Die Zahlen T_p, T_q, T_r sind also jetzt nicht nur durch n, sondern auch durch n^2 teilbar.

Die Zahlen T' lassen sich übrigens leicht auf die Zahlen T direkt zurückführen. Gemäß (107) ist:

$$p^{n^2} = p^n(1+n\pi)^n \equiv p^n(1+n^2\pi+n^3\nu\pi^2) \quad \text{mod. } n^4;$$

setzen wir also zur Abkürzung:

$$n\,M_i = N_i\,p^{n(i-1)}\,q^{n(i-1)}\,r^{n(n-2i+1)},$$

$$P = \pi + \varkappa - 2\varrho, \quad Q = \pi^2 + \varkappa^2 - 2\varrho^2, \tag{158a}$$

so erhalten wir aus (148a):

$$\left\{\begin{aligned}p^{n^2} q^{n^2} r^{n^2} T_r' &= \sum_{i=2}^{\nu+1} M_i (1+n\pi)^{n(i-1)}(1+n\varkappa)^{n(i-1)}(1+n\varrho)^{n(n-2i+2)} \\ &\equiv \sum M_i\,[(1+n^2\pi+n^3\nu\pi^2)(1+n^2\varkappa+n^3\nu\varkappa^2)]^{i-1} \\ &\qquad \times (1+n^2\varrho+n^3\nu\varrho^2)^{n-2i+2} \\ &\equiv \sum M_i\,[1+n^2(i-1)(\pi+\varkappa)+n^3\nu(i-1)(\pi^2+\varkappa^2)] \\ &\qquad \times [1+n^2(n-2i+2)\varrho - n^3\nu(2i-2)\varrho^2] \\ &\equiv \sum M_i\,[1+n^2(i-1)(P+n\nu Q)+n^3\varrho] \quad \text{mod. } n^4, \\ p^{n^2} q^{n^2} r^{n^2} T_{1r}' &\equiv \sum_{i=2}^{\nu+1} M_i (i-1)[1+n^2(i-1)(P+n\nu Q)+n^3\varrho] \;\text{mod.}\, n^4, \\ p^{n^2} q^{n^2} r^{n^2} T_{2r}' &\equiv \sum_{i=2}^{\nu} M_i (i-1)(2i-1)[1+n^2(i-1)(P+n\nu Q)] \;\text{mod.}\, n^3,\end{aligned}\right. \tag{159}$$

und durch Auflösung der Klammern:

$$\left\{\begin{aligned}p^{n^2} q^{n^2} r^{n^2} T_r' &\equiv p^n q^n r^n\,[T_r + n^2(P+n\nu Q)\,T_{1r} + n^3\varrho\,T_r] && \text{mod. } n^4, \\ p^{n^2} q^{n^2} r^{n^2} T_{1r}' &\equiv p^n q^n r^n\,[T_{1r} + n^2(P+n\nu Q)\,T_{3r} + n^3\varrho\,T_{1r}] && \text{mod. } n^4, \\ p^{n^2} q^{n^2} r^{n^2} T_{2r}' &\equiv p^n q^n r^n\,T_{2r} && \text{mod. } n^2,\end{aligned}\right. \tag{160}$$

wo T_{3r} nach (109a) wieder auf T_{2r} zurückgeführt werden kann. Da nun T_r und T_{1r} je durch n^2 teilbar sind, so folgt schließlich:

$$(160\text{a})\qquad \begin{cases} T_r' \equiv T_r & \text{mod. } n^4, \\ T_{1r}' \equiv T_{1r} + n^2(P + n\nu Q)\,T_{3r} & \text{mod. } n^4, \\ T_{2r}' \equiv T_{2r} & \text{mod. } n^2. \end{cases}$$

Hierdurch wird bestätigt, daß die Zahlen T_p, T_q, T_r je durch n^2 teilbar sein müssen, wenn gleichzeitig die Gleichungen (147) und (157) bestehen. Für die Zahl S_r' erhalten wir aus (155) und (160):

$$(161)\qquad S_r' \equiv n\,S_r \quad \text{mod. } n^2.$$

Berücksichtigen wir hier die bisher ausgeschlossene Bedingung $p + q \equiv 0$ mod. n, so erhalten wir aus (147):

$$2\,q^{n^2} + r^{n^2} \equiv 0 \quad \text{mod. } n^3,$$

also durch Erheben zur $(n-1)^{\text{ten}}$ Potenz:

$$2^{n-1}\,q^{n^2(n-1)} \equiv r^{n^2(n-1)} \quad \text{mod. } n^3,$$

oder nach dem erweiterten FERMATschen Satze:

$$(162)\qquad 2^{n-1} \equiv 1 \quad \text{mod. } n^3.$$

Nur für Zahlen n, die dieser Bedingung genügen, ist die Gleichung (147) mit der Annahme $p + q \equiv 0$ verträglich. Wegen weiterer Folgerungen sei auf den weiterhin folgenden § 19 verwiesen.

§ 10. Weitere Fortsetzung. — Folgerungen aus der ersten Gleichung (99).

Die Entwicklungen von § 8 lassen sich auch in ganz analoger Weise durchführen, wenn man die Zahlen p^n, q^n, r^n überall bzw. durch p, q, r und die Zahl $b\,n$ durch a ersetzt. Wir gehen dann von der ersten Gleichung (99), d. h. der Gleichung

$$(163)\qquad p - q - r = a\,n$$

aus. An Stelle von (110) bzw. (103) erhalten wir, indem wir in der Identität (10) die Zahlen x, y bzw. gleich p, q wählen:

$$(164)\qquad \begin{cases} p^{n-1} - r^{n-1} + a\,n\,r^{n-2} \equiv n\,T_r^0\,p\,q + q(r - 2p)(T_{1r}^0 - a\,n\,T_{2r}^0) \\ \qquad\qquad + a\,n\,q\,T_{1r}^0 \quad \text{mod. } n^2, \end{cases}$$

wo nun die Zahlen T^0 durch folgende Gleichungen definiert sind:

$$
(165)\qquad \begin{cases} n\,T_r^0 = \sum_{i=2}^{\nu+1} N_i\, p^{i-2}\, q^{i-2}\, r^{n-2i+1}, \\ n\,T_{1r}^0 = \sum_{i=2}^{\nu+1} N_i\,(i-1)\, p^{i-2}\, q^{i-2}\, r^{n-2i+1}, \\ n\,T_{2r}^0 = \sum_{i=2}^{\nu} N_i (2i-1)(i-1)\, p^{i-2}\, q^{i-2}\, x^{n-2i}. \end{cases}
$$

Aus (164) folgt, wenn $2p - r (\equiv p + q)$ nicht durch n teilbar ist:

$$
(166)\qquad T_{1r}^0 \equiv 0 \mod. n,
$$

so daß wir erhalten:

$$
p^{n-1} - r^{n-1} + a\,n\,r^{n-2} \equiv n\,p\,q\,T_r^0 - q(p+q)(T_{1r}^0 - a\,n\,T_{2r}^0) \mod. n^2,
$$

oder endlich, wenn wir

$$
(167)\qquad n\,S_r^0 = (p+q)(T_{1r}^0 - a\,n\,T_{2r}^0)
$$

setzen:

$$
(168)\qquad p^{n-1} - r^{n-1} + a\,n\,r^{n-2} \equiv n\,p\,q\,T_r^0 - q\,n\,S_r^0 \mod. n^2.
$$

Die Zahlen T_r^0 und S_r^0 sind folglich im allgemeinen nicht durch n teilbar.

Das Einsetzen der Zahlen p, q in die Identität (9) ergibt hier:

$$
p^n - q^n - r^n - a\,n^2\,r^{n-1} \equiv n\,p\,q\,r\,T_r^0 - 2a\,n^2 p\,q\,T_{1r}^0 \mod. n^3
$$

oder wegen (166):

$$
(169)\qquad p^n - q^n - r^n \equiv a\,n^2 + n\,p\,q\,r\,T_r^0 \mod. n^3;
$$

demnach wird:

$$
(170)\qquad T_r^0 \equiv T_q^0 \equiv T_p^0 \mod. n.
$$

Die zu (140) bzw. (156) analoge Relation lautet hier:

$$
(171)\qquad p^{n-1} - q^{n-1} \equiv n\,S_r^0\,r \mod. n^2.
$$

Nehmen wir jetzt an, es bestehe neben der Gleichung (163) auch die Gleichung (157) [so daß die beiden ersten Gleichungen (99) erfüllt sind], so ergibt sich durch Vergleichung von (169) mit (157):

$$
(172)\qquad (b-a)\,n \equiv p\,q\,r\,T_r^0 \mod. n^2.
$$

In diesem Falle sind also die Zahlen T_r^0, T_q^0, T_p^0 je durch n teilbar (und durch n^2, wenn $b - a$ den Faktor n enthält). Da ferner:

$$
p^{n(n-1)} - r^{n(n-1)} \equiv n^2(\pi - \varrho) \equiv n\,(p^{n-1} - r^{n-1}) \mod. n^3
$$

ist, so folgt aus (168) und (139):

$$
(b-a)\,n\,r^{n-2} \equiv (T_r - n\,T_r^0)\,p\,q - n\,q\,(S_r - S_r^0) \mod. n^2
$$

oder wegen (172):

(173) $$(b-a)\,n\,r^{n-2} \equiv p\,q\,T_r - n\,q\,(S_r - S_r^0) \quad \text{mod. } n^2,$$

was damit übereinstimmt, daß T_r gemäß (102) den Faktor n enthält.

Die Zahlen T_r werden auf die Zahlen T_r^0 in analoger Weise zurückgeführt, wie die Zahlen T' auf die Zahlen T in den Gleichungen (160). Setzen wir:

$$n\,M_i^0 = N_i\,p^{i-1}\,q^{i-1}\,r^{n-2i+1},$$

so wird:

(173a) $$\begin{cases} p^n q^n T_r = \sum_{i=2}^{\nu+1} M_i^0 (1+n\pi)^{i-1}(1+n\varkappa)^{i-1}(1+n\varrho)^{n-2i+1} \\ \qquad \equiv \sum M_i^0 [1+n(i-1)P - n\varrho] \quad \text{mod. } n^2, \\ p^n q^n T_{1r} \equiv \sum M_i^0 (i-1)[1+n(i-1)P - n\varrho] \quad \text{mod. } n^2, \\ p^n q^n r^n T_{2r} = \sum M_i^0 (i-1)(2i-1)[1+n(i-1)P - 2n\varrho] \,\text{mod. } n^2. \end{cases}$$

Da T_r und T_{1r} durch n teilbar sind, so kann in den ersten beiden Kongruenzen links $p^n q^n$ durch $p\,q$ ersetzt werden, und wir erhalten:

(173b) $$\begin{cases} T_r \equiv T_r^0 + n\,P\,T_{1r}^0 - n\,\varrho\,T_r^0 & \text{mod. } n^2, \\ T_{1r} \equiv T_{1r}^0 + n\,P\,T_{3r}^0 - n\,\varrho\,T_{1r}^0 & \text{mod. } n^2, \\ T_{2r} \equiv T_{2r}^0 & \text{mod. } n, \end{cases}$$

wo P dieselbe Bedeutung hat, wie oben in den Kongruenzen (159). Infolge des Bestehens der Gleichung (157) wird somit, da T_r durch n, T_{1r} durch n^2 und somit T_{1r}^0 durch n teilbar ist:

(174) $$\begin{cases} T_r \equiv T_r^0 & \text{mod. } n^2, \\ 0 \equiv T_{1r}^0 + n\,P \cdot T_{3r}^0 & \text{mod. } n^2, \\ T_{2r} \equiv T_{2r}^0 & \text{mod. } n, \end{cases}$$

und ebenso:

(174a) $$T_{3r} \equiv T_{3r}^0 \quad \text{mod. } n.$$

Nehmen wir jetzt die Gleichung (147) hinzu, so daß alle drei Gleichungen (99) erfüllt sind, so ist zufolge (158) die Zahl T_r durch n^2 teilbar, also T_r^0 gemäß der ersten Kongruenz (174) ebenfalls durch n^2 teilbar, und aus (172) folgt

(175) $$b - a \equiv 0 \quad \text{mod. } n.$$

Dieses Resultat läßt sich auch auf folgende Weise gewinnen; dabei erhalten wir gleichzeitig weitere, später zu verwendende Formeln. Es ist nach (107), (157) und (163):

$$p^n - q^n - r^n = b n^2$$
$$= p(1 + n\pi) - q(1 + n\varkappa) - r(1 + n\varrho)$$
$$= p - q - r + n L_1^0,$$

wenn

$$L_1^0 = p\pi - q\varkappa - r\varrho$$

gesetzt wird; oder:

(176) $$b n - a = L_1^0;$$

ebenso:

$$p^{n^2} - q^{n^2} - r^{n^2} = c n^3$$
$$\equiv p^n(1 + n\pi)^n - q^n(1 + n\varkappa)^n - r^n(1 + n\varrho)^n$$
$$\equiv p^n - q^n - r^n + n^2 L_1 + n^3 \nu L_2 \quad \text{mod. } n^4,$$

wenn L_1 und L_2 durch die Gleichungen:

(177) $$\begin{cases} L_1 = p^n \pi - q^n \varkappa - r^n \varrho, \\ L_2 = p^n \pi^2 - q^n \varkappa^2 - r^n \varrho^2 \end{cases}$$

definiert sind, also:

(178) $$c n - b \equiv L_1 + n \nu L_2 \quad \text{mod. } n^2;$$

die Zahl L_1^0 wird mittels der Relationen

(178a) $$\begin{cases} L_1 = L_1^0 + n L_2^0, \\ L_2 = L_2^0 + n L_3^0 \end{cases}$$

auf L_1 und L_2 zurückgeführt, wo:

$$L_2^0 = p\pi^2 - q\varkappa^2 - r\varrho^2, \quad L_3^0 = p\pi^3 - q\varkappa^3 - r\varrho^3;$$

aus (176) erhalten wir also:

(179) $$b n - a \equiv L_1 - n L_2 \quad \text{mod. } n^2.$$

Der Vergleich mit (178) führt zunächst wieder auf die Kongruenz (175). Subtrahieren wir andererseits die Kongruenz (179) von der mit 2 multiplizierten Kongruenz (178), so wird:

(180) $$\begin{cases} 2cn - 2b - bn + a \equiv L_1 + n(2\nu + 1) L_2 \\ \qquad\qquad \equiv L_1 \quad \text{mod. } n^2, \end{cases}$$

also aus (179):

(180a) $$\begin{cases} n L_2 \equiv 2cn - 2b - bn + a - bn + a \\ \qquad \equiv 2(c - b)n + 2(a - b) \quad \text{mod. } n^2. \end{cases}$$

Man kann diese Entwicklungen in folgender Weise erweitern und erhält dadurch Kontrollen für frühere Resultate.

In vorstehenden Formeln kommen die Differenzen $c - b$ und $a - b$ vor, welche gemäß den Kongruenzen (158) und (172) mit den

Zahlen T_r (bzw. T_r') und T_r^0 zusammenhängen. Dieser Zusammenhang wird durch folgende Betrachtung noch näher festgelegt. Es war:

$$p^{n^3} - q^{n^3} - r^{n^3} = p^{n^2}(1 + n\pi)^{n^2} - q^{n^2}(1 + n\varkappa)^{n^2} - r^{n^2}(1 + n\varrho)^{n^2}$$
$$\equiv p^{n^2} - q^{n^2} - r^{n^2} + n^3 L_1' + n^4 \frac{n^2-1}{2} L_2'$$
$$\equiv c n^3 + n^3 L_1' + n^4 \nu L_2'(n+1) \quad \text{mod. } n^5;$$

hier ist:

$$L_1' = p^{n^2}\pi \;-\; q^{n^2}\varkappa \;-\; r^{n^2}\varrho \;\equiv L_1 + n^2 L_2 \quad \text{mod. } n^3,$$
$$L_2' = p^{n^2}\pi^2 - q^{n^2}\varkappa^2 - r^{n^2}\varrho^2 \equiv L_2 + n^2 L_3 \quad \text{mod. } n^3;$$

es wird also:

$$p^{n^3} - q^{n^3} - r^{n^3} \equiv c n^3 + n^3 L_1 + n^4 \nu L_2 + n^5(\nu + 1) L_2 \quad \text{mod. } n^5$$

und es ist:

$$p^{n^2} - q^{n^2} - r^{n^2} = c n^3 \equiv b n^2 + n^2 L_1 + n^3 \nu L_2 \quad \text{mod. } n^4.$$

Subtrahieren wir also die mit n multiplizierte zweite Kongruenz von der ersten, so wird:

(181) $$p^{n^3} - q^{n^3} - r^{n^3} \equiv c n^4 + (c - b) n^3 + n^5(\nu + 1) L_2 \quad \text{mod. } n^5.$$

Die linke Seite dieser Kongruenz hatten wir bereits in (149a) berechnet; genauer wird:

$$p^{n^3} - q^{n^3} - (p^{n^2} - q^{n^2})^n \equiv p^{n^3} - q^{n^3} - r^{n^3} - c n^4 r^{n^2(n-1)} \quad \text{mod. } n^7,$$
$$\equiv p^{n^3} - q^{n^3} - r^{n^3} - c n^4 \quad \text{mod. } n^7,$$
$$\equiv n p^{n^2} q^{n^2} r^{n^2} T_r' + c n^5 p^{n^2} q^{n^2} T_r' - 2 c n^4 p^{n^2} q^{n^2} T_{1\,r}' \quad \text{mod. } n^7,$$

also nach (150) und (151):

(182) $$p^{n^3} - q^{n^3} - r^{n^3} \equiv c n^4 + n p^{n^2} q^{n^2} r^{n^2} T_r' \quad \text{mod. } n^7;$$

und jetzt ergibt die Vergleichung mit (181):

(183) $$(c - b) n^2 + n^4(\nu + 1) L_2 \equiv p^{n^2} q^{n^2} r^{n^2} T_r' \quad \text{mod. } n^5,$$

womit die Kongruenz (158) für den Modul n^5 erweitert ist. Wollen wir entsprechend die Kongruenz (172) erweitern, so haben wir von den beiden Relationen:

$$p^{n^2} - q^{n^2} - r^{n^2} \equiv b n^2 + n^2 L_1 + n^3 \nu L_2 + \tfrac{1}{3} n^4 (n - 2) \nu L_3 \quad \text{mod. } n^4$$

und

$$p^n - q^n - r^n = b n^2 = a n + n L_1^0 \equiv a n + n(L_1 - n L_2) \quad \text{mod. } n^3$$

auszugehen, und finden analog zu (181), da 2ν durch $n - 1$ ersetzt werden darf:

$$p^{n^2} - q^{n^2} - r^{n^2} \equiv b n^3 + (b - a) n^2 + n^3(\nu + 1) L_2 \quad \text{mod. } n^4;$$

analog zu (182) haben wir ferner:

$$p^{n^2} - q^{n^2} - r^{n^2} \equiv b n^3 + n p^n q^n r^n T_r \mod. n^5,$$

also, analog zu (183); für $n > 3$:

$$(b-a) n + n^2 (\nu + 1) L_2 \equiv p^n q^n r^n T_r \mod. n^3.$$

In Rücksicht auf die Relation $2\nu = n - 1$ und auf die Kongruenz (158) ist diese Kongruenz mit (180a) identisch.

§ 11. Berücksichtigung einer weiteren Potenz von n für die Folgerungen aus der ersten Gleichung (99).

Um weitere Schlüsse zu ziehen, müssen wir die Kongruenz (168) für den Modul n^3 erweitern. Es war identisch:

$$(185) \quad \begin{cases} n\left(p^{n-1} - (p-q)^{n-1}\right) = \sum_{i=2}^{\nu+1} N_i (n - 2i + 2) p^{i-1} q^{i-1} (p-q)^{n-2i+1} \\ \qquad + \sum_{i=2}^{\nu+1} N_i (i-1) p^{i-2} q^{i-1} (p-q)^{n-2i+2}. \end{cases}$$

Hier ist die linke Seite:

$$(185\text{a}) \quad \begin{cases} \equiv n\left(p^{n-1} - r^{n-1} - a n (n-1) r^{n-2} - \tfrac{1}{2} a^2 n^2 (n-1)(n-2) r^{n-3}\right) \\ \qquad \mod. n^4; \end{cases}$$

und auf der rechten Seite ist die erste Summe:

$$(186) \quad \begin{cases} \sum_{i=2}^{\nu+1} N_i (n - 2i + 2) p^{i-1} q^{i-1} (p-q)^{n-2i+1} \\ \equiv \sum_{i=2}^{\nu+1} N_i (n - 2i + 2) p^{i-1} q^{i-1} r^{n-2i+1} \\ + a n \sum_{i=2}^{\nu} N_i (n - 2i + 2)(n - 2i + 1) p^{i-1} q^{i-1} r^{n-2i} \\ + a^2 n^2 \sum_{i=2}^{\nu-1} N_i \tfrac{1}{2} (n-2i+2)(n-2i+1)(n-2i) p^{i-1} q^{i-1} r^{n-2i-1} \\ \equiv n^2 p q T_r^0 - 2 n p q T_{1r}^0 + 2 a n^2 p q T_{2r}^0 - a n^3 p q T_{4r}^0 \\ \qquad - 2 a^2 n^3 p q T_{5r}^0 \mod. n^4, \end{cases}$$

wo T_r^0, T_{1r}^0, T_{2r}^0 in der früheren Weise definiert sind:

$$(186\text{a}) \quad \begin{cases} n T_r^0 = \sum_{i=2}^{\nu+1} N_i p^{i-2} q^{i-2} r^{n-2i+1} \\ n T_{1r}^0 = \sum_{i=2}^{\nu+1} N_i (i-1) p^{i-2} q^{i-2} r^{n-2i+1} \\ n T_{2r}^0 = \sum_{i=2}^{\nu} N_i (2i-1)(i-1) p^{i-2} q^{i-2} r^{n-2i}, \end{cases}$$

während T^0_{4r} und T^0_{5r} die folgende Bedeutung haben:

$$(186\text{b})\quad \begin{cases} n\,T^0_{4r} = \sum\limits_{i=2}^{\nu} N_i (4i-3)\, p^{i-2}\, q^{i-2}\, r^{n-2i}, \\ n\,T^0_{5r} = \sum\limits_{i=2}^{\nu-1} N_i (i-1)(2i-1)\, i p^{i-2}\, q^{i-2}\, r^{n-2i-1}. \end{cases}$$

Offenbar besteht die Relation:

$$(186\text{c})\quad \begin{cases} n p q r\, T^0_{4r} = [4n\, T^0_{1r} - 4 N_{\nu+1} \cdot \nu \cdot p^{\nu-1} q^{\nu-1}]\, p q \\ \qquad + n p q r\, T_r^0 - N_{\nu+1} p^\nu q^\nu. \end{cases}$$

Nun sind T_r^0 und T^0_{1r} je durch n teilbar; es war nach (7) $N_{\nu+1} = n$; also wird:

$$(187)\quad p q r\, T^0_{4r} \equiv -(4\nu+1)\, p^\nu q^\nu \equiv p^\nu q^\nu \quad \text{mod. } n.$$

Bezeichnen wir somit die linke Seite der Kongruenz (186) mit $n\,U_1$, so haben war:

$$(188)\quad \begin{cases} r \cdot U_1 \equiv n p q r\, T_r^0 - 2 p q r\, T^0_{1r} + 2 a n p q r\, T^0_{2r} - a n^2 p^\nu q^\nu \\ \qquad - 2 a^2 n^2 p q r\, T^0_{5r} \quad \text{mod. } n^3. \end{cases}$$

Die zweite Summe der rechten Seite von (185) sei mit $n\,U_2$ bezeichnet; dann ist:

$$(189)\quad \begin{cases} n\,U_2 = \sum N_i (i-1)\, p^{i-2}\, q^{i-1}\, (p-q)^{n-2i+2} \\ \equiv \sum\limits_{i=2}^{\nu+1} N_i (i-1)\, p^{i-2}\, q^{i-1}\, r^{n-2i+2} \\ + a n \sum\limits_{i=2}^{\nu+1} N_i (n-2i+2)(i-1)\, p^{i-2}\, q^{i-1}\, r^{n-2i+1} \\ + a^2 n^2 \sum\limits_{i=2}^{\nu} N_i \tfrac{1}{2}(n-2i+2)(n-2i+1)(i-1)\, p^{i-2}\, q^{i-1}\, r^{n-2i} \\ \qquad \text{mod. } n^4; \\ \equiv n q r\, T^0_{1r} - 2 a n^2 q\, T^0_{3r} + a n^3 q\, T^0_{1r} + a^2 n^3 q\, T^0_{6r} \quad \text{mod. } n^4. \end{cases}$$

Hierin ist:

$$(189\text{a})\quad \begin{cases} n\,T^0_{3r} = \sum\limits_{i=2}^{\nu+1} N_i (i-1)^2 p^{i-2}\, q^{i-2}\, r^{n-2i+1}, \\ n\,T^0_{6r} = \sum\limits_{i=2}^{\nu} N_i (i-1)^2 (2i-1)\, p^{i-2}\, q^{i-2}\, r^{n-2i}, \end{cases}$$

also analog zu (109a):

$$(190)\quad r \cdot T^0_{2r} = 2\, T^0_{3r} + T^0_{1r} - n \nu p^{\nu-1} q^{\nu-1};$$

wegen der Relation:

$$(i-1)^2 (2i-1) = i(i-1)(2i-1) - (i-1)(2i-1)$$

ist ferner:

$$n\,T_{6r}^0 = r\,n\,T_{5r}^0 + N_\nu\,\nu(\nu-1)(2\nu-1)p^{\nu-2}q^{\nu-2}r - n\,T_{2r}^0$$

oder, wenn man den in (6) gegebenen Wert von N_ν einsetzt:

(191) $$T_{6r}^0 = r\,T_{5r}^0 + \tfrac{1}{6}\nu^2(\nu-1)(\nu+1)(n-2)\,p^{\nu-2}q^{\nu-2}r - T_{2r}^0.$$

Da T_{1r}^0 durch n teilbar ist, erhalten wir schließlich:

(192) $$\begin{cases} U_2 \equiv q\,r\,T_{1r}^0 - a\,n\,q\,r\,T_{2r}^0 - a\,n^2\,\nu\,p^{\nu-1}q^\nu \\ \qquad + a^2n^2q\,r\,T_{5r}^0 + Kp^{\nu-2}q^{\nu-1}r\,a^2n^2 - a^2n^2q\,T_{2r}^0 \mod n^3, \end{cases}$$

wo nun zur Abkürzung:

(192a) $$K = \tfrac{1}{6}\nu^2(\nu-1)(\nu+1)(n-2).$$

Die rechte Seite der Kongruenz (185) war mit $n(U_1 + U_2)$ bezeichnet; es wird also, nachdem beiderseits mit r multipliziert ist:

$$\begin{aligned}
&[p^{n-1} - r^{n-1} - a\,n(n-1)r^{n-2} - \tfrac{1}{2}a^2n^2(n-1)(n-2)r^{n-3}]\,r \\
&\quad\equiv n\,p\,q\,r\,T_r^0 - q\,r(2p-r)\,T_{1r}^0 + a\,n\,q\,r(2p-r)\,T_{2r}^0 \\
&\quad - a\,n^2p^{\nu-1}q^\nu(p+\nu r) - a^2n^2q\,r(2p-r)\,T_{5r}^0 \\
&\quad + Kp^{\nu-2}q^{\nu-1}r^2a^2n^2 - a^2n^2q\,r\,T_{2r}^0 \quad \mod n^3
\end{aligned}$$

oder:

(193) $$\begin{cases} n(\pi-\varrho)r - a\,n(n-1)(1+n\varrho) - a^2n^2r^{n-2} \\ \qquad \equiv n\,p\,q\,r\,T_r^0 - q\,r(2p-r)(T_{1r}^0 - a\,n\,T_{2r}^0) \\ \qquad - a^2n^2q\,r(p+q)\,T_{5r}^0 - a^2n^2q\,r\,T_{2r}^0 \\ \qquad - a\,n^2p^{\nu-1}q^\nu(p+\nu r) + a^2n^2K\cdot p^{\nu-2}q^{\nu-1}r^2 \mod n^3. \end{cases}$$

Man muß eine ebenfalls richtige Kongruenz erhalten, wenn man überall p durch $-q$, q durch $-p$, π durch $\varkappa$, $\varkappa$ durch π ersetzt; die Zahlen T^0 bleiben dabei ungeändert; es ist folglich auch:

(194) $$\begin{cases} (\varkappa-\varrho)n\,r - a\,n(n-1)(1+n\varrho) - a^2n^2r^{n-2} \\ \qquad \equiv n\,p\,q\,r\,T_r^0 - p\,r(2q+r)(T_{1r}^0 - a\,n\,T_{2r}^0) \\ \qquad - a^2n^2p\,r(p+q)\,T_{5r}^0 + a^2n^2p\,r\,T_{2r}^0 \\ \qquad - a\,n^2p^\nu q^{\nu-1}(q-\nu r) - a^2n^2Kp^{\nu-1}q^{\nu-2}r^2 \mod n^3. \end{cases}$$

Durch Subtraktion beider Kongruenzen ergibt sich infolge der Relationen:

$$\begin{aligned}
&-q\,r(2p-r) + p\,r(2q+r) = r^2(q+p), \\
&-q\,r(p+q) + p\,r(p+q) \equiv r^2(p+q) \quad \mod n, \\
&-p^{\nu-1}q^\nu(p+\nu r) + p^\nu q^{\nu-1}(q-\nu r) = -p^{\nu-1}q^{\nu-1}r\,\nu(p+q)
\end{aligned}$$

das Resultat (wobei beiderseits mit $n\,r$ dividiert ist):

(195) $$\begin{cases} (\pi-\varkappa) \equiv r\,S_r^0 + a^2n\,r(p+q)\,T_{5r}^0 - a^2n(p+q)\,T_{2r}^0 \\ \qquad - a\,n\,\nu\,p^{\nu-1}q^{\nu-1}(p+q) + a^2n\,Kp^{\nu-2}q^{\nu-2}(p+q)r \mod n^2, \end{cases}$$

wenn wieder:

(195a) $$nS_r^0 = (p+q)(T_{1r}^0 - a n T_{2r}^0)$$

gesetzt wird. Multiplizieren wir jetzt die Kongruenz (193) mit r, die Kongruenz (195) mit nqr und addieren die Produkte, so wird, da T_r^0 nach (172) und (175) durch n^2 teilbar ist, nach Division mit n:

(196) $$\begin{cases} [(\pi-\varrho)r + (\pi-\varkappa)q - a(n-1)(1+n\varrho)]r - a^2 n \\ \qquad \equiv -aqr^2(T_{1r}^0 - anT_{2r}^0) - 2a^2npqrT_{2r}^0 \\ \qquad + 2a^2nKp^{\nu-1}q^{\nu-1}r^2 \quad \text{mod. } n^2, \end{cases}$$

denn es ist im Faktor von T_{1r}^0:

$$-qr^2(2p-r) + qr^2(p+q) = qr^2(q+r-p) = -anqr^2,$$

im Faktor von $n^2 T_{5r}^0$:

$$-qr^2(p+q) + qr^2(p+q) = 0,$$

im Faktor von an:

$$-p^{\nu-1}q^\nu(p+\nu r)r - \nu p^{\nu-1}q^\nu(p+q)r = -p^{\nu-1}q^\nu r\nu(p+q+r) - p^\nu q^\nu r$$
$$\equiv -2\nu p^\nu q^\nu r - p^\nu q^\nu r \equiv 0 \quad \text{mod. } n,$$

im Faktor von $a^2 K$:

$$p^{\nu-2}q^{\nu-1}r^3 + p^{\nu-2}q^{\nu-1}(p+q)r^2 = p^{\nu-2}q^{\nu-1}r^2(r+p+q)$$
$$\equiv 2p^{\nu-1}q^{\nu-1}r^2 \quad \text{mod. } n.$$

Auf der linken Seite von (196) benutzen wir die Gleichung (176), nämlich:

$$L_1^0 = p\pi - q\varkappa - r\varrho = bn - a$$
$$= q(\pi-\varkappa) + r(\pi-\varrho) + an\pi.$$

Da $b-a$ nach (175) durch n teilbar ist, so wird jene linke Seite:

(196a) $$\begin{cases} = [bn - a - an\pi - a(n-1)(1+n\varrho)]r - a^2 n \\ \quad \equiv [-an(\pi-\varrho) + (b-a)n]r - a^2 n \equiv -an(\pi-\varrho)r - a^2 n \\ \qquad\qquad \text{mod. } n^2. \end{cases}$$

W e n n a l s o a n i c h t d u r c h n t e i l b a r i s t (so daß wir den Faktor a beiderseits streichen können), so erhalten wir aus (196):

(197) $$\begin{cases} (\pi-\varrho)nr + an \equiv qr^2(T_{1r}^0 - anT_{2r}^0) + 2anpqrT_{2r}^0 \\ \qquad - 2anKp^{\nu-1}q^{\nu-1}r^2 \quad \text{mod. } n^2. \end{cases}$$

Durch die bekannten Vertauschungen erhält man ebenso:

(197a) $$\begin{cases} (\varkappa-\varrho)nr + an \equiv -pr^2(T_{1r}^0 - anT_{2r}^0) + 2anpqrT_{2r}^0 \\ \qquad - 2anKp^{\nu-1}q^{\nu-1}r^2 \quad \text{mod. } n^2, \end{cases}$$

folglich auch durch Subtraktion beider Kongruenzen:

$$(\pi - \varkappa) \equiv r S_r^0 \quad \text{mod. } n,$$

wie sich auch aus (195) direkt ergibt. Bilden wir die Summe der Kongruenzen (197) und (197a), so wird:

(197b) $$\begin{cases}(\pi + \varkappa - 2\varrho) n r + 2 a n \equiv - r^3 T_{1r}^0 + a n r (4pq + r^2) T_{2r}^0 \\ \qquad - 4 a n K p^{\nu-1} q^{\nu-1} r^2 \quad \text{mod. } n^2;\end{cases}$$

hierin ist

$$4pq + r^2 \equiv (p-q)^2 + 4pq \equiv (p+q)^2 \quad \text{mod. } n,$$

und nach (143a) und (174):

(197c) $$r T_{2r}^0 (p+q)^2 \equiv 2 \quad \text{mod. } n;$$

ferner nach der mittleren Kongruenz (174), wenn man den Wert von P aus (158a) einsetzt und die Kongruenz (197c) benutzt:

(197d) $$n(\pi + \varkappa - 2\varrho) \equiv - T_{1r}^0 (p+q)^2 \quad \text{mod. } n^2.$$

Wir erhalten also aus (197b):

$$T_{1r}^0 [r^2 - (p+q)^2] r \equiv - 4 a n K p^{\nu-1} q^{\nu-} r^2 \quad \text{mod. } n^2.$$

Die eckige Klammer der linken Seite ist:

$$r^2 - (p+q)^2 \equiv (p-q)^2 - (p+q)^2 \equiv - 4pq \quad \text{mod. } n,$$

so daß wir schließlich finden:

(198) $$T_{1r}^0 \equiv a n K p^{\nu-2} q^{\nu-2} r \quad \text{mod. } n^2,$$

oder, wenn wir nochmals die Kongruenz (197d) benutzen:

(199) $$\pi + \varkappa - 2\varrho \equiv - a K p^{\nu-2} q^{\nu-2} r (p+q)^2 \quad \text{mod. } n.$$

Durch die bekannten Vertauschungen ergibt sich weiter:

(199a) $$\begin{cases}\pi + \varrho - 2\varkappa \equiv - a K p^{\nu-2} r^{\nu-2} q (p+r)^2 & \text{mod. } n, \\ \varkappa + \varrho - 2\pi \equiv (-1)^\nu a K q^{\nu-2} r^{\nu-2} p (q-r)^2 & \text{mod. } n.\end{cases}$$

Die Summe aller drei Ausdrücke gibt links Null; also wird:

(200) $$0 \equiv a K G \quad \text{mod. } n,$$

wenn:

(201) $$G = p^\nu q^\nu r^3 (p+q)^2 + p^\nu r^\nu q^3 (p+r)^2 - (-1)^\nu q^\nu r^\nu p^3 (q-r)^2$$

gesetzt wird.

Die Zahlen p, q, r genügen bekanntlich, wenn die Zeichen $\varepsilon, \varepsilon', \varepsilon''$ den Wert $+1$ oder -1 darstellen, den Kongruenzen:

(202) $$p^\nu \equiv \varepsilon, \quad q^\nu \equiv \varepsilon', \quad r^\nu \equiv \varepsilon'' \quad \text{mod. } n.$$

Wir erhalten demnach aus (199) und (199a):

(203) $$\begin{cases}(\pi + \varkappa - 2\varrho) p^2 q^2 r^2 \equiv - \varepsilon \varepsilon' a K r^3 (p+q)^2 \\ (\pi + \varrho - 2\varkappa) p^2 q^2 r^2 \equiv - \varepsilon \varepsilon'' a K q^3 (p+r)^2 \qquad \text{mod. } n \\ (\varkappa + \varrho - 2\pi) p^2 q^2 r^2 \equiv \varepsilon' \varepsilon'' a K p^3 (q-r)^2 (-1)^\nu,\end{cases}$$

und es wird:

$$(203\text{a})\quad \begin{cases} G \equiv \varepsilon\varepsilon' r^3 (p+q)^2 + \varepsilon\varepsilon'' q^3 (p+r)^2 - (-1)^\nu \varepsilon'\varepsilon'' p^3 (q-r)^2 \\ \equiv \varepsilon\varepsilon' r (p^2-q^2)^2 + \varepsilon\varepsilon'' q (p^2-r^2)^2 - (-1)^\nu \varepsilon'\varepsilon'' p (q^2-r^2)^2 \\ \qquad \text{mod. } n. \end{cases}$$

Wir haben jetzt die verschiedenen Möglichkeiten zu besprechen, die in betreff der Zahlen ε, ε', ε'' vorkommen können. Sei erstens:

$$(204)\qquad \varepsilon(-1)^\nu = \varepsilon' = \varepsilon''.$$

Dann wird:

$$(205)\quad \begin{cases} (-1)^\nu G \equiv r(p^2-q^2)^2 + q(p^2-r^2)^2 - p(q^2-r^2)^2 \\ \equiv p^4(q+r) + q^4(r-p) + r^4(q-p) \\ \qquad - 2p^2q^2r - 2p^2r^2q + 2q^2r^2p \\ \equiv p^5 - q^5 - r^5 - 2pqr(pq+pr-qr) \\ \equiv p^5 - q^5 - r^5 - 2pqr(p^2-qr) \\ \equiv 5(q^4r + r^4q) + 10(q^3r^2 + r^3q^2) - 2pqr(p^2-qr) \\ \equiv qr[5(q^3+r^3) + 10(q^2r+r^2q) - 2(q+r)^3 + 2(q+r)qr] \\ \equiv 3qr[(q+r)^3 - qr(q+r)] \equiv 3pqr(p^2-qr) \quad \text{mod. } n. \end{cases}$$

Wenn also n von 3 verschieden ist, so wird infolge der Annahme (204), falls a nicht durch n teilbar ist:

$$(206)\qquad p^2 - qr \equiv 0 \quad \text{mod. } n.$$

Der Fall $n = 3$ aber scheidet schon deshalb aus, weil es für $n = 3$ keine (nicht durch 3 teilbare) Zahlen p, q, r gibt, die der Bedingung

$$p^3 \equiv q^3 + r^3 \quad \text{mod. } 3^2$$

genügten (wobei keine der Zahlen $p+q$, $p+r$ und $q-r$ durch 3 teilbar sein darf, vgl. oben S. 28f.). Nun ist:

$$(207)\qquad p^2 - qr \equiv q^2 + r^2 + qr \equiv q^2 + pr \equiv r^2 + pq;$$

alle diese Ausdrücke wären also infolge der Kongruenz (206) durch n teilbar, und die Kongruenzen (203) würden folgende Form annehmen:

$$(208)\quad \begin{cases} (\pi + \varkappa - 2\varrho)\, pqr \equiv (-1)^{\nu+1} 3aKr^2 \\ (\pi + \varrho - 2\varkappa)\, pqr \equiv (-1)^{\nu+1} 3aKq^2 \\ (\varkappa + \varrho - 2\pi)\, pqr \equiv (-1)^{\nu+1} 3aKp^2 \quad \text{mod. } n, \end{cases}$$

denn es ist infolge von (206) und (207):

$$(p+q)^2 \equiv 3pq, \quad (p+r)^2 \equiv 3pr, \quad (q-r)^2 \equiv -3qr.$$

Multiplizieren wir nun die Kongruenzen (208) bzw. mit r, q und $-p$, bilden die Summe und beachten, daß:

$$(\pi + \varkappa - 2\varrho) r + (\pi + \varrho - 2\varkappa) q - (\varkappa + \varrho - 2\pi) p$$
$$= \pi(q + r - 2p) + \varkappa(r - p - 2q) + \varrho(q - p - 2r)$$
$$\equiv -(p\pi - q\varkappa - r\varrho)$$

ist, so wird:

$$(p\pi - q\varkappa - r\varrho) p q r \equiv (-1)^\nu 3 a K \cdot (r^3 + q^3 - p^3)$$
$$\equiv (-1)^{\nu+1} a K \cdot 9 p q r \quad \text{mod. } n.$$

In der Klammer der linken Seite steht die früher mit $L_1{}^0$ bezeichnete Zahl, welche nach (176) durch $-a$ ersetzt werden darf; wir erhielten also:

(209) $$a \equiv (-1)^\nu \cdot 9 a K \quad \text{mod. } n.$$

Die Zahl K war durch (192a) definiert; es ist somit:

(210) $$16 K = \tfrac{1}{6}(n-1)^2(n-3)(n+1)(n-2) \equiv 1 \quad \text{mod. } n,$$

so daß die Kongruenz (209) nur unter der Bedingung:

(211) $$a \equiv 0 \quad \text{mod. } n$$

bestehen kann, denn die Fälle, wo 16 ± 9 durch n teilbar, d. h. $n = 5$ oder $n = 7$ ist, machen keine Ausnahme, wie man durch folgende Betrachtung erkennt. In Rücksicht auf die Relationen (207) kann die Kongruenz (206) in einer der Formen:

$$q^2 + r^2 + qr \equiv 0, \quad p^2 + q^2 - pq \equiv 0, \quad p^2 + r^2 - pr \equiv 0$$

geschrieben werden; es ist also auch:

$$q^3 \equiv r^3 \equiv -p^3,$$

und somit erhält man aus (208):

$$(\pi + \varkappa - 2\varrho) r \equiv (\pi + \varrho - 2\varkappa) q \equiv -(\varkappa + \varrho - 2\pi) p$$

oder:

$$(\pi - \varrho) r - (\pi - \varkappa) q + (\varkappa - \varrho) p \equiv 0,$$

und:

$$(\pi - \varrho) q + (\pi - \varkappa) p - (\varkappa - \varrho) r \equiv 0.$$

Durch Subtraktion finden wir hieraus:

$$(\pi - \varrho)(q - r) + (\pi - \varkappa)(p + q) - (\varkappa - \varrho)(p + r) \equiv 0$$

oder:

$$p(\pi + \varrho - 2\varkappa) + q(2\pi - \varkappa - \varrho) - r(\pi + \varkappa - 2\varrho) \equiv 0$$

und, da $p \equiv q + r$ ist:

$$q(\pi - \varkappa) + r(\varrho - \varkappa) \equiv 0.$$

Durch die bekannten Vertauschungen (die anwendbar bleiben, da durch dieselben die Relationen (204) nicht geändert werden) ergibt sich ferner:

$$\begin{aligned} r(\pi - \varrho) + q(\varkappa - \varrho) &\equiv 0 \\ -p(\varkappa - \pi) + r(\varrho - \varkappa) &\equiv 0 \quad \text{mod. } n. \\ -p(\varrho - \pi) + q(\varkappa - \pi) &\equiv 0 \end{aligned}$$

Verbindet man die erste dieser Kongruenzen mit der Kongruenz:

$$q(\pi - \varkappa) + r(\pi - \varrho) \equiv -a,$$

so ergibt sich:

$$q(2\varkappa - \pi - \varrho) \equiv a \quad \text{mod. } n.$$

Aus (208) folgt also:

$$a p r \equiv (-1)^\nu 3 K q^2 a$$

oder nach (207), (206) und (210):

$$16 + (-1)^\nu 3 \equiv 0 \quad \text{mod. } n.$$

Wir hätten also die Fälle $n = 19$ und $n = 13$ besonders zu behandeln; für alle anderen Zahlen folgt:

$$a \equiv 0 \quad \text{mod. } n,$$

also auch für die oben vorläufig ausgeschlossenen Zahlen $n = 5$ und $n = 7$. Die Relation (211) gilt somit für alle ungeraden Primzahlen n.

Zweitens machen wir die Annahme:

$$\varepsilon' = \varepsilon'' = (-1)^{\nu+1}\varepsilon. \tag{212}$$

Der durch (203a) gegebene Ausdruck G wird dann, wie aus (205) sofort hervorgeht:

$$\left\{\begin{aligned} (-1)^{\nu+1} G &\equiv r(p^2 - q^2)^2 + q(p^2 - r^2)^2 + p(q^2 - r^2)^2 \\ &\equiv 3pqr(p^2 - qr) + 2p(q^2 - r^2)^2 \\ &\equiv p[2(p^2 - qr)^2 - 6q^2r^2 - qr(p^2 - qr)] \\ &\equiv p[2p^4 - 5p^2qr - 3q^2r^2] \\ &\equiv p(2p^2 + qr)(p^2 - 3qr). \end{aligned}\right. \tag{213}$$

Soll also a nicht durch n teilbar sein und doch die Relation (200) bestehen, so muß eine der beiden folgenden Kongruenzen erfüllt sein:

$$2p^2 + qr \equiv 0 \quad \text{oder} \quad p^2 - 3qr \equiv 0. \tag{214}$$

Aus der ersten von diesen beiden Kongruenzen würde folgen:

$$\begin{aligned} 0 &\equiv 2p^2 + (p - r)r \\ &\equiv p^2 - r^2 + p^2 + pr \\ &\equiv (p + r)(p - r + p) \equiv (p + r)(p + q). \end{aligned}$$

Da wir stets voraussetzen, daß die Zahlen $p+q$ und $p+r$ den Faktor n nicht enthalten, kann dieser Fall nicht eintreten.

Die zweite Kongruenz (214) läßt sich in der Form:

(215) $$0 \equiv q^2 + r^2 - qr$$

schreiben; es wäre also auch:

(215a) $$q^3 \equiv -r^3,$$

und durch Potenzieren:

$$q^{3\nu} \equiv (-1)^\nu r^{3\nu},$$

während man aus der Annahme (212) erhält:

(216) $$q^{3\nu} \equiv r^{3\nu},$$

woraus folgen würde, daß ν eine gerade Zahl sein muß. Dann wird:

(217) $$\begin{cases} (p+q)^2 = p^2 + q^2 + 2qp \\ \qquad \equiv q^2 + 3qr + 2qp \equiv q(3r+q+2p) \equiv q(5r+3) \\ (p+r)^2 \equiv r(5q+3r), \quad (q-r)^2 \equiv q^2 + r^2 - 2qr \equiv -qr. \end{cases}$$

Die Kongruenzen (203) lauten also jetzt:

(218) $$\begin{cases} (\pi + \varkappa - 2\varrho)\, p^2 q^2 r^2 \equiv a K r^3 q (5r + 3q) \\ (\pi + \varrho - 2\varkappa)\, p^2 q^2 r^2 \equiv a K q^3 r (5q + 3r) \\ (\varkappa + \varrho - 2\pi)\, p^2 q^2 r^2 \equiv -a K p^3 q r, \end{cases}$$

und aus den ersten beiden erhalten wir in Rücksicht auf (215a):

(218a) $$(\pi + \varkappa - 2\varrho) r (5q + 3r) + (\pi + \varrho - 2\varkappa) q (5r + 3q) \equiv 0,$$

oder, wenn wir q^2 mittels (215) durch r^2 und qr ausdrücken:

(218b) $$q(13\pi - 11\varkappa - 2\varrho) + r(9\varkappa - 9\varrho) \equiv 0$$

und ebenso durch Elimination von r^2:

(218c) $$q(9\varrho - 9\varkappa) + r(13\pi - 11\varrho - 2\varkappa) \equiv 0.$$

Die dritte Kongruenz (218) gibt, da K durch (210) bestimmt ist:

$$\begin{aligned} 16(\varkappa + \varrho - 2\pi) qr &\equiv -ap \quad \text{mod. } n \\ &\equiv p\,[q(\pi - \varkappa) + r(\pi - \varrho)] \end{aligned}$$

oder, wenn rechts p durch $q + r$ ersetzt wird:

(218d) $$q^2(\pi - \varkappa) + r^2(\pi - \varrho) + 17qr(2\pi - \varkappa - \varrho) \equiv 0.$$

Eliminieren wir hier q^2 mittels der Kongruenz (215), so ergibt sich:

$$r(\varkappa - \varrho) + q(35\pi - 18\varkappa - 17\varrho) \equiv 0.$$

Multiplizieren wir mit 9 und wenden die Kongruenz (218b) an, um $r(\varkappa - \varrho)$ zu eliminieren, so erhalten wir:

$$(35\cdot 9 - 13)\pi - (18\cdot 9 - 11)\varkappa - (17\cdot 9 - 2)\varrho \equiv 0,$$

und ebenso, wenn man aus (218d) die Zahl r^2 eliminiert:

$$(35\cdot 9 - 13)\pi - (18\cdot 9 - 11)\varrho - (17\cdot 9 - 2)\varkappa \equiv 0.$$

Die Differenz beider Kongruenzen ergibt:

(219) $$(18\cdot 9 - 11 + 17\cdot 9 - 2)(\varkappa - \varrho) \equiv 0.$$

Der erste Faktor der linken Seite ist gleich $302 = 2\cdot 151$. Der Fall $n = 151 = 2\cdot 75 + 1$ ist deshalb ausgeschlossen, weil hier $\nu = 75$ eine ungerade Zahl ist, während wir im Anschlusse an (216) bemerkten, daß ν eine gerade Zahl sein muß. Es bleibt also nur die Möglichkeit:

(219a) $$\varkappa - \varrho \equiv 0 \mod. n.$$

Aus dieser Kongruenz in Verbindung mit (218a) folgt:

(219b) $$(\pi - \varrho)(10qr + 3r^2 + 3q^2) \equiv 0 \mod. n.$$

Der zweite Faktor ist wegen (215) mit $13qr$ äquivalent, kann also nur für $n = 13$ in Betracht kommen. Nun haben wir für $n = 13$ in bezug auf den Modul 13^2:

$$1^{13} \equiv 1,\ 2^{13} \equiv 80,\ 3^{13} \equiv -23,\ 4^{13} \equiv -78,\ 5^{13} \equiv 70,\ 6^{13} \equiv 19,$$
$$12^{13} \equiv -1,\ 11^{13} \equiv -80,\ 10^{13} \equiv 23,\ 9^{13} \equiv 78,\ 8^{13} \equiv -70,\ 7^{13} \equiv -19;$$

es ist also:

$$2^{13} + 5^{13} \equiv 7^{13} \mod. 13^2$$

und:

$$11^{13} + 8^{13} \equiv 6^{13} \mod. 13^2;$$

hier haben wir weiter (da $\nu = 6$):

$$2^6 \equiv 5^6 \equiv 7^6 \equiv -1 \mod. 13,$$
$$11^6 \equiv 8^6 \equiv 6^6 \equiv +1 \quad „\ 13.$$

Unsere Bedingungen (212), nämlich (da ν eine gerade Zahl ist):

$$q^\nu \equiv r^\nu \equiv -p^\nu$$

sind also nicht erfüllt, und deshalb scheidet auch die Zahl $n = 13$ hier aus. Aus (219b) folgt also für alle Zahlen n, wenn die Kongruenzen (212) bestehen, daß der erste Faktor durch n teilbar sei; zusammen mit (219a) haben wir demnach:

$$\pi \equiv \varkappa \equiv \varrho \mod. n,$$

und sodann aus (218):

(219c) $$a \equiv 0 \mod. n.$$

Drittens ersetzen wir die Kongruenzen (204) bzw. (212) durch die Annahme:

(220) $$\varepsilon' = -\varepsilon'' = (-1)^\nu \varepsilon,$$

oder:

$$q^\nu \equiv -r^\nu \equiv (-1)^\nu p^\nu \mod. n.$$

Ersetzen wir hier q durch $-p$ und p durch $-q$, so ergibt sich:

(221) $$(-1)^\nu p^\nu \equiv -r^\nu \equiv -q^\nu,$$

also die Relationen (212). Die Annahme (220) erledigt sich somit dadurch, daß man in den an die Bedingungen (212) geknüpften Betrachtungen überall p durch $-q$ und q durch $-p$ ersetzt.

Viertens wählen wir:

$$\varepsilon' = -\varepsilon'' = (-1)^{\nu+1} \varepsilon$$

oder:

(222) $$q^\nu \equiv -r^\nu \equiv (-1)^{\nu+1} p^\nu \mod. n.$$

Hier erhalten wir durch die angegebenen Vertauschungen:

(223) $$(-1)^\nu p^\nu \equiv -r^\nu \equiv -q^\nu,$$

also die Relationen (204); umgekehrt wird demnach die Annahme (222) als unmöglich nachgewiesen, indem man in den früheren Rechnungen, die sich auf die Annahme (204) bezogen, die angegebenen Vertauschungen anbringt.

In allen vier Fällen sind wir so zu dem Schlusse geführt, daß a durch n teilbar sein muß.

§ 12. Abschluß der in § 9 begonnenen Untersuchung. Aufstellung des Hilfssatzes.

Nachdem so festgestellt ist, daß die Zahl a durch n teilbar ist, kehren wir zu den früheren Kongruenzen zurück. In (193) und (194) waren alle fortgelassenen Glieder in $a n^3$ multipliziert; wir dürfen deshalb jetzt den Modul n^3 durch n^4 ersetzen, und entsprechend in (196) den Modul n^2 durch n^3. Letztere Kongruenz lautet dann:

$$(\pi - \varrho) r + (\pi - \varkappa) q - a(n-1)(1 + n\varrho) \equiv -a q r T_{1r}^0 \mod. n^3.$$

Die linke Seite ist nach (196a):

$$\equiv -a n(\pi - \varrho) + (b - a) n \mod. n^3.$$

Da $b - a$ nach (175) durch n teilbar sein muß, so ist jetzt auch b durch n teilbar; setzen wir also:

(224) $$a = a' n, \quad b = b' n,$$

so ergibt sich:

$$[a'(\pi - \varrho) - (b' - a')] n \equiv a' q r T_{1r}^0 \mod. n^2.$$

Ebenso wird:

$$[a'(\varkappa - \varrho) - (b' - a')]\, n \equiv -\, a' p r T_{1r}^{0} \quad \text{mod. } n^2.$$

Durch Bildung der Summe beider Kongruenzen finden wir:

$$[a'(\pi + \varkappa - 2\varrho) - 2(b' - a')]\, n \equiv -\, a' r^2 T_{1r}^{0} \quad \text{mod. } n^2,$$

also nach (197d):

$$a' T_{1r}^{0} [r^2 - (p + q)^2] \equiv 2(b' - a') n \quad \text{mod. } n^2,$$

oder:

$$-\, 2 a' T_{1r}^{0} p q \equiv (b' - a') n \quad \text{mod. } n^2,$$

also:

$$2 a' (\pi + \varkappa - 2\varrho) p q n - (b' - a') n (4 p q + r^2) \equiv 0 \quad \text{mod. } n^2$$

und somit, da $4 p q + r^2 \equiv (p + q)^2$ ist:

(225) $$2 a' (\pi + \varkappa - 2\varrho) p q \equiv (b' - a')(p + q)^2 \quad \text{mod. } n,$$

ebenso:

(225a) $$\begin{cases} 2 a' (\pi + \varrho - 2\varkappa) p r \equiv (b' - a')(p + r)^2 & \text{mod. } n, \\ 2 a' (\varkappa + \varrho - 2\pi) q r \equiv -\, (b' - a')(q - r)^2 & \text{mod. } n. \end{cases}$$

Multiplizieren wir diese drei Kongruenzen bzw. mit r, q, p und bilden die Summe, so finden wir:

(226) $$0 \equiv (b' - a')[(p + q)^2 r + (p + r)^2 q - (q - r)^2 p].$$

Die hier auftretende eckige Klammer ist:

$$\begin{aligned} &\equiv (p^2 - q^2)(p + q) + (p^2 - r^2)(p + r) - (q^2 - r^2)(q - r) \\ &\equiv p^2 (2p + q + r) - q^2 (p + 2q - r) - r^2 (p + 2r - q) \\ &\equiv 3(p^3 - q^3 - r^3) \equiv 9 p q r. \end{aligned}$$

Wir haben also:

$$9 (b' - a') p q r \equiv 0 \quad \text{mod. } n$$

und somit:

$$b' - a' \equiv 0 \quad \text{mod. } n;$$

dann aber folgt aus (225) und (225a):

(227) $$\pi \equiv \varkappa \equiv \varrho \quad \text{mod. } n.$$

Die gewonnenen Resultate fassen wir in folgendem Satze zusammen:

Wenn drei nicht durch n teilbare Zahlen p, q, r, für welche auch keine der Zahlen $p + q$, $p + r$, $q - r$ durch n teilbar ist, der Kongruenz:

$$p^{n^2} - q^{n^2} - r^{n^2} \equiv 0 \quad \text{mod. } n^3$$

genügen, so bestehen auch die Kongruenzen:

$$\begin{aligned} p^n - q^n - r^n &\equiv 0 \quad \text{mod. } n^3, \\ p - q - r &\equiv 0 \quad \text{„ } n^2, \end{aligned}$$

und, gemäß (227):

$$p^{n-1} \equiv q^{n-1} \equiv r^{n-1} \quad \text{mod. } n^2.$$

§ 13. Erweiterung der Untersuchung für höhere Potenzen der Zahl n als Modul.

Entsprechend den im vorigen Paragraphen gewonnenen Resultaten wollen wir jetzt annehmen, daß die Zahlen a, b, c durch n teilbar seien, und dann die daraus zu ziehenden Schlüsse verfolgen; dabei können wir uns die ausführliche Wiederholung aller Entwicklungen ersparen; es wird genügen, die Hauptgleichungen und -kongruenzen anzugeben, die zur leichteren Vergleichung dieselben Nummern tragen, wie die entsprechenden früheren, nur mit einem Sterne versehen. Wir nehmen also an, es bestehen die Gleichungen:

$$(99)^* \quad \begin{cases} p - q - r = a' n^{\lambda+1}, \\ p^n - q^n - r^n = b' n^{\lambda+2}, \\ p^{n^2} - q^{n^2} - r^{n^2} = c' n^{\lambda+3}, \end{cases}$$

Wir beginnen wieder mit der mittleren Gleichung; aus der fundamentalen Identität (8) erhalten wir:

$$(119\text{a})^* \quad \begin{cases} p^{n^2} - q^{n^2} - r^{n^2} - b' n^{\lambda+3} \equiv n p^n q^n r^n T_r - 2 p^n q^n b' n^{\lambda+3} T_{1r} \\ \qquad\qquad\qquad\qquad\qquad\qquad \text{mod. } n^{\lambda+5}, \end{cases}$$

und somit:

$$0 \equiv n \cdot p^n q^n r^n \cdot T_r \quad \text{mod. } n^{\lambda+2},$$

also:

$$(102)^* \qquad T_r \equiv 0 \quad \text{mod. } n^{\lambda+1},$$

ferner aus der Identität (10):

$$(105)^* \quad n(p^{n(n-1)} - r^{n(n-1)}) \equiv n^2 p^n q^n T_r + n(q^n r^n - 2p^n q^n) T_{1r} \text{ mod. } n^{\lambda+3}.$$

Hier ist die linke Seite durch n^3 teilbar; also folgt:

$$T_{1r} \equiv 0 \quad \text{mod. } n^2$$

wie oben in (106). Vollständiger lautet die Kongruenz (105)*:

$$(106)^* \quad p^{n(n-1)} - r^{n(-1)} + b' n^{\lambda+2} r^{n(n-2)} \equiv n T_r p^n q^n - q^n S_r n^2 \text{ mod. } n^{\lambda+3};$$

ebenso ist:

$$(113)^* \quad r^{n(n-1)} - q^{n(n-1)} - b' n^{\lambda+2} r^{n(n-2)} \equiv - n T_r p^n q^n + p^n S_r n^2 \text{ mod. } n^{\lambda+3};$$

und hier ist jetzt S_r durch die Gleichung:

$$n^2 S_r = (p^n + q^n)(T_{1r} - b' n^{\lambda+2} T_{2r})$$

definiert. Es ergibt sich ferner, wie oben:

$$(140)^* \qquad p^{n(n-1)} - q^{n(n-1)} \equiv n^2 S_r r^n \quad \text{mod. } n^{\lambda+3},$$

$$(140\text{a})^* \qquad p^{n(n-1)} - r^{n(n-1)} \equiv n^2 S_q q^n \quad \text{,, } n^{\lambda+3},$$

$$(142)^* \qquad T_{3r}(p^n + q^n)^2 \equiv 1 \quad \text{,, } n.$$

Nehmen wir nun die dritte Gleichung (99)* hinzu, nämlich:

(147)* $$p^{n^2} - q^{n^2} - r^{n^2} = c' n^{\lambda+3},$$

so lassen sich auch die Rechnungen und Schlüsse von § 9 für den neuen Modul erweitern. Man findet:

$$p^{n^3} - q^{n^3} - (p^{n^2} - q^{n^2})^n = \sum N_i\, p^{n^2(i-1)}\, q^{n^2(i-1)}\, (p^{n^2} - q^{n^2})^{n-2i+2},$$

also:

(147 a)* $$\left\{ \begin{aligned} p^{n^3} - q^{n^3} - r^{n^3} - c' n^{\lambda+4} \equiv n\, p^{n^2} q^{n^2} r^{n^2}\, T_r' - 2 n^{\lambda+4}\, T_{1r}'\, p^{n^2} q^{n^2} \\ \text{mod. } n^{\lambda+5}, \end{aligned} \right.$$

und hieraus:

$$T_r' \equiv 0 \quad \text{mod. } n^2,$$

denn wegen der Kongruenzen:

$$p^{n^3} \equiv p^{n^2},\; q^{n^3} \equiv q^{n^2},\; r^{n^3} \equiv r^{n^2} \quad \text{mod. } n^3$$

ist hier die linke Seite nur durch n^3 teilbar. Um aber die Analoga der früheren Schlüsse zu gewinnen, müssen wir die Zahl $p^{n^3} - q^{n^3} - r^{n^3}$ durch $n^{\lambda+3}$ teilbar machen und in Rücksicht auf den an die Kongruenzen (205) anknüpfenden Schlußsatz von § 11 die weitere Bedingung:

(147 b)* $$\pi \equiv \varkappa \equiv \varrho \quad \text{mod. } n^{\lambda}$$

hinzufügen. Dann wird:

(147 c)* $$\left\{ \begin{aligned} p^{n^3} - q^{n^3} - r^{n^3} &\equiv p^{n^2} - q^{n^2} - r^{n^2} + n^3 (p^{n^2} \pi - q^{n^2} \varkappa - r^{n^2} \varrho) + \ldots \\ &\equiv (p^{n^2} - q^{n^2} - r^{n^2})(1 + n^3 \pi + n^5 \nu \pi^2 + \ldots) \text{ mod. } n^{\lambda+3}, \\ &\equiv 0 \quad \text{mod. } n^{\lambda+3}, \end{aligned} \right.$$

und somit können wir aus (147 a) schließen:

(150)* $$T_r' \equiv 0 \quad \text{mod. } n^{\lambda+2}.$$

Die Kongruenz (148) wird hier:

(148)* $$\left\{ \begin{aligned} & p^{n^2(n-1)} - r^{n^2(n-1)} + c' n^{\lambda+3} r^{n^2(n-2)} \\ & \equiv n\, T_r' p^{n^2} q^{n^2} - q^{n^2} S_r' n^2 \quad \text{mod. } n^{\lambda+4}, \end{aligned} \right.$$

wo:

$$n^2 S_r' = (p^{n^2} + q^{n^2})(T_{1r}' - c' n^{\lambda+3}\, T_{2r}'),$$

und wir erhalten somit:

(151)* $$T_{1r}' \equiv 0 \quad \text{mod. } n^{\lambda+3},$$

denn die linke Seite von (148)* ist jetzt infolge der Annahme (147 b)* durch $n^{\lambda+3}$ teilbar. Ebenso ist jetzt T_{1r} gemäß (105)* durch $n^{\lambda+2}$ teilbar:

(151 a)* $$T_{1r} \equiv 0 \quad \text{mod. } n^{\lambda+2}.$$

Die Relation (147a) lautet nunmehr:

(153)* $$p^{n^3} - q^{n^3} - r^{n^3} \equiv c' n^{\lambda+4} + n p^{n^2} q^{n^2} r^{n^2} T_r' \quad \text{mod. } n^{\lambda+5},$$

und die obige Kongruenz (119a)*:

$$c' n^{\lambda+3} = p^{n^2} - q^{n^2} - r^{n^2} \equiv b' n^{\lambda+3} + n p^n q^n r^n T_r \quad \text{mod. } n^{\lambda+5};$$

und zwar sind hierbei die Kongruenzen (147a)* nicht benutzt. Aus (147)* ergibt sich also:

(158)* $$(c' - b') n^{\lambda+2} \equiv p^n q^n r^n T_r \quad \text{mod. } n^{\lambda+4}.$$

Wenn demnach die zweite und dritte Gleichung (99)* gleichzeitig erfüllt sind, so sind die Zahlen T_p, T_q, T_r je durch $n^{\lambda+2}$ teilbar.

Besteht auch die erste Gleichung (99)*, so erhalten wir:

(164)* $$q^{n-1} - r^{n-1} + a' n^{\lambda+1} r^{n-2} \equiv n T_r^0 p q - q n S_r^0 \quad \text{mod. } n^{\lambda+2},$$

wo:

$$n S_r^0 = (p + q)(T_{1r}^0 - a' n^{\lambda+1} T_{2r}^0),$$

und hier ist, wie sich aus der Identität (9) ergibt:

$$p^n - q^n - (r + a' n^{\lambda+1})^n = \sum p^{i-1} q^{i-1} N_i (r + a' n^{\lambda+1})^{n-2i+2}$$

also:

(164a)* $$\begin{cases} p^n - q^n - r^n - a' n^{\lambda+2} \equiv n p q r T_r^0 - 2 p q a' n^{\lambda+2} T_{1r}^0 \\ \qquad + p q n^{\lambda+3} a' T_r^0 \quad \text{mod. } n^{2\lambda+3} \end{cases}$$

und somit:

(164b)* $$T_r^0 \equiv 0 \quad \text{mod. } n^{\lambda+1},$$

sobald auch die zweite Gleichung (99)* erfüllt ist; und aus (164)* und (147b)* folgt dann weiter:

(166)* $$T_{1r}^0 \equiv 0 \quad \text{mod. } n^{\lambda+1}.$$

Aus (164a)* erhalten wir in diesem Falle also:

(172)* $$(b' - a') n^{\lambda+1} \equiv p q r T_r^0 \quad \text{mod. } n^{2\lambda+2}.$$

Im Falle, daß die beiden ersten Gleichungen (99)* und die Kongruenzen (147b)* gleichzeitig bestehen, sind also die Zahlen T_r^0, T_q^0, T_p^0 je durch $n^{\lambda+1}$ teilbar und es besteht die Kongruenz (172)*.

Einer Erörterung bedarf die Verallgemeinerung der Kongruenzen (173a); setzen wir wieder:

$$n M_i^0 = N_i p^{i-1} q^{i-1} r^{n-2i+1},$$

so ist:

$$p^n q^n r^n T_r \equiv r \sum_{i=2}^{\nu+1} M_i^0 (1 + n\pi)^{i-1} (1 + n\varkappa)^{i-1} (1 + n\varrho)^{n-2i+2}.$$

Entsprechend den Kongruenzen (147b)* führen wir durch den Ansatz:

$$\varkappa - \pi = \gamma n^\lambda,$$
$$\varrho - \pi = \delta n^\lambda$$

zwei Zahlen γ, δ ein, und erhalten dann:

$$(173\text{a})^* \quad \begin{cases} (1 + n\pi)^{i-1}(1 + n\varkappa)^{i-1}(1 + n\varrho)^{n-2i+2} \\ \qquad \equiv (1 + n\pi)^n + n^{\lambda+1}(1 + n\pi)^{n-1}[(i-1)\gamma + (n - 2i + 2)\delta] \\ \qquad\qquad \text{mod. } n^{2\lambda+2} \\ \qquad \equiv (1 + n\pi)^n + n(1 + n\pi)^{n-1}(i-1)(\pi + \varkappa - 2\varrho) \text{ mod. } n^{\lambda+2}; \end{cases}$$

es wird folglich:

$$p^n q^n r^n T_r \equiv p q r [(1 + n\pi)^n T_r^0 + (1 + n\pi)^{n-1} n(\pi + \varkappa - 2\varrho) T_{1r}^0] \text{ mod. } n^{\lambda+2},$$

oder, da T_r^0 nach (164b)* durch $n^{\lambda+1}$, T_{1r}^0 nach (166)* durch $n^{\lambda+1}$ und $\pi + \varkappa - 2\varrho$ durch n^λ teilbar ist:

$$(174)^* \qquad p^n q^n r^n T_r \equiv p q r T_r^0 \quad \text{mod. } n^{\lambda+2}.$$

Nun war nach (158)* die Zahl T_r durch $n^{\lambda+2}$ teilbar; wir haben folglich nach:

$$(174\text{a})^* \qquad T_r^0 \equiv 0 \quad \text{mod. } n^{\lambda+2}.$$

Eine analoge Beziehung besteht zwischen T_{1r} und T_{1r}^0. Es ist entsprechend der zweiten Relation (173a):

$$p^n q^n r^n T_{1r} = r \sum M_i^0 (i-1)(1 + n\pi)^{i-1}(1 + n\varkappa)^{i-1}(1 + n\varrho)^{n-2i+2}$$
$$\equiv r(1 + n\pi)^{n-1} \sum M_i^0 (i-1)[1 + n\pi + n(i-1)(\pi + \varkappa - 2\varrho)] \quad \text{mod. } n^{\lambda+2},$$

also:

$$(174\text{c})^* \quad p^n q^n r^n T_{1r} \equiv p q r [T_{1r}^0 + n(\pi + \varkappa - 2\varrho) T_{3r}^0] \quad \text{mod. } n^{\lambda+2}.$$

Nach (151a)* enthält die linke Seite den Faktor $n^{\lambda+2}$, auf der rechten ist $\pi + \varkappa - 2\varrho$ zufolge (147b)* durch n^λ teilbar; wir bestätigen so die obige Kongruenz (166)*.

Aus (174a)* folgt jetzt in Rücksicht auf (172)*:

$$(175)^* \qquad b' - a' \equiv 0 \quad \text{mod. } n.$$

Wenn also neben den Gleichungen (99)* die Kongruenzen (147b)* erfüllt sind, so sind die Zahlen T_p^0, T_q^0, T_r^0 je durch $n^{\lambda+2}$, die Zahlen T_{1p}^0, T_{1q}^0, T_{1r}^0 je durch $n^{\lambda+1}$ teilbar.

Benutzen wir jetzt auch wieder die Zahlen L_1^0, L_2^0, L_1, L_2, so wird:

$$L_1 \equiv (p^n - q^n - r^n)\pi \quad \text{mod. } n^\lambda$$
$$\equiv 0 \quad \text{,, } n^\lambda,$$
$$L_2 \equiv (p^n - q^n - r^n)\pi^2 \quad \text{,, } n^\lambda,$$
$$\equiv 0 \quad \text{,, } n^\lambda.$$

Andererseits erhalten wir:

$$p^n - q^n - r^n = b' n^{\lambda+2} = p - q - r + n L_1^0,$$

also:

(176)* $$L_1^0 = b' n^{\lambda+1} - a' n^\lambda,$$

ebenso:

$$c' n^3 = p^{n^2} - q^{n^2} - r^{n^2} \equiv p^n - q^n - r^n + n^2 L_1 + n^3 v L_2 \quad \text{mod. } n^{\lambda+4},$$

folglich:

(178)* $$c' n^{\lambda+1} - b' n^\lambda \equiv L_1 + n v L_2 \quad \text{mod. } n^{\lambda+2}$$

und hieraus, da die Gleichungen (178a) unverändert gelten:

(179)* $$b' n^{\lambda+1} - a' n^\lambda = L_1 - n L_2,$$

und durch Elimination von L_2:

(180)* $$n^\lambda (2c' n - 2b' - b' n + a') \equiv L_1 \quad \text{mod. } n^{\lambda+2}$$

und:

(180a)* $$n L_2 \equiv 2(c' - b') n^{\lambda+1} + 2(a' - b') n^\lambda \quad \text{mod. } n^{\lambda+2}.$$

An Stelle von (181) finden wir durch die entsprechenden Rechnungen:

(181)* $$p^{n^3} - q^{n^3} - r^{n^3} \equiv c' n^{\lambda+4} + (c' - b') n^{\lambda+3} + n^5 (v+1) L_2 \quad \text{mod. } n^{\lambda+6}$$

und:

(182)* $$p^{n^3} - q^{n^3} - r^{n^3} \equiv c' n^{\lambda+4} + n p^{n^2} q^{n^2} r^{n^2} T_r' \quad \text{mod. } n^{\lambda+4}.$$

Ebenso ergibt sich:

(184)* $$(b' - a') n^{\lambda+1} + n^2 (v + 1) L_2 \equiv p^n q^n r^n T_r \quad \text{mod. } n^{\lambda+2}.$$

§ 14. Fortsetzung. — Erweiterung der aufgestellten Kongruenzen für einen höheren Modul.

Soll auch die Kongruenz (164)* auf die nächst höhere Potenz von n als Modul erweitert werden, so ist folgendes zu beachten. In der Gleichung (185) wird die linke Seite:

(185a)* $$\begin{cases} \equiv n\,(p^{n-1} - r^{n-1} - a' n^{\lambda+1}(n-1) r^{n-2} \\ \qquad - \tfrac{1}{2} a'^2 n^{2\lambda+2}(n-1)(n-2) r^{n-3}) \quad \text{mod. } n^{3\lambda+4}. \end{cases}$$

In der ersten Summe der rechten Seite, d. h. auf der rechten Seite der Kongruenz (186), wurden die Glieder:

(185b)* $$a n \sum_{i=2}^{v} N_i n^2 p^{i-1} q^{i-1} r^{n-2i} = a' n^{\lambda+4} [p q r^{-1} T_r^0 - p^v q^v r^{-1}]$$

fortgelassen, weil sie durch den damaligen Modul n^4 teilbar waren; jetzt, wo der Modul gleich $n^{2\lambda+4}$ zu wählen sein wird, müssen wir sie mit berücksichtigen. Bei Benutzung der Relation (186c) ist eine entsprechende Überlegung anzubringen; da T_r^0 durch $n^{\lambda+2}$ und T_{1r}^0 durch $n^{\lambda+1}$ teilbar ist, so erhalten wir für das vierte Glied auf der rechten Seite von (186):

$$(185\text{c})^* \quad \begin{cases} -a' n^{\lambda+3} p q r T_{4r}^0 = -a' n^{\lambda+2}[4n T_{1r}^0 - 4N_{\nu+1} \nu p^{\nu-1} q^{\nu-1}] p q \\ \qquad - a' n^{\lambda+2} p q r (n T_r^0 - N_{\nu+1} p^\nu q^\nu) \\ \qquad \equiv + a' n^{\lambda+3}(4\nu + 1) p^\nu q^\nu \\ \qquad \equiv a' n^{\lambda+3}(2n - 1) p^\nu q^\nu \quad \text{mod. } n^{2\lambda+5}. \end{cases}$$

Da in (185 b)* das Glied mit T_r^0 durch $n^{2\lambda+6}$ teilbar ist, erhalten wir also, indem nach (185 b)* und (185 c)* rechts die Glieder $2n^{\lambda+4} a' p^\nu q^\nu - a' n^{\lambda+4} p^\nu q^\nu$ zu dem früheren Ausdruck von $n r U_1$ hinzutreten, in bezug auf den Modul $n^{2\lambda+3}$:

$$(188)^* \quad \begin{cases} r U_1 \equiv n p q r T_r^0 - 2p q r T_{1r}^0 + 2a' n^{\lambda+1} p q r T_{2r}^0 \\ \qquad + (n-1) a' n^{\lambda+2} p^\nu q^\nu - 2a'^2 n^{2\lambda+2} p q \nu T_{5r}^0. \end{cases}$$

Auf der rechten Seite von U_2 ist eine weitere ergänzende Überlegung nicht nötig; wir erhalten daher direkt:

$$(189)^* \quad \begin{cases} U_2 \equiv q r T_{1r}^0 - 2a' n^{\lambda+1} q T_{3r}^0 + a' n^{\lambda+2} q T_{1r}^0 + a'^2 n^{2\lambda+2} q T_{6r}^0 \\ \qquad \equiv q r T_{1r}^0 - a' n^{\lambda+1} q r T_{2r}^0 + a'^2 n^{2\lambda+2} q r T_{5r}^0 - a' n^{\lambda+2} \nu p^{\nu-1} q^\nu \\ \qquad + K \cdot a'^2 n^{2\lambda+2} p^{\nu-2} q^{\nu-1} r - a'^2 n^{2\lambda+2} q T_{2r}^0 \quad \text{mod. } n^{2\lambda+3}. \end{cases}$$

Die Gleichung (185) ergibt sonach jetzt:

$$(193)^* \quad \begin{cases} [p^{n-1} - r^{n-1} - a' n^{\lambda+1}(n-1) r^{n-2} - \tfrac{1}{2} a'^2 n^{2\lambda+2}(n-1)(n-2) r^{n-3}] r \\ \qquad \equiv n p q r T_r^0 - q r (2p - r) T_{1r}^0 + a' n^{\lambda+1} q r (2p - r) T_{2r}^0 \\ \qquad - a' n^{\lambda+2} p^{\nu-1} q^\nu (p + \nu r) + 2(n-1) a' n^{\lambda+3} p^\nu q^\nu \\ \qquad - a'^2 n^{2\lambda+2} q r (p + q) T_{5r}^0 + K p^{\nu-2} q^{\nu-1} r^2 a'^2 a^{2\lambda+2} \\ \qquad - a'^2 n^{2\lambda+2} q r T_{2r}^0 \quad \text{mod. } n^{2\lambda+3}. \end{cases}$$

Diese Kongruenz entspricht in ihren einzelnen Gliedern der Kongruenz (193); dabei tritt sofort ein wesentlicher Unterschied hervor: außer den durch $n^{\lambda+1}$ teilbaren Gliedern treten teils solche auf, die den Faktor $n^{\lambda+2}$ (oder $n^{\lambda+3}$) enthalten, teils solche, die durch $n^{2\lambda+2}$ teilbar sind; und für $\lambda = 0$ gehen sowohl die Glieder mit dem Faktor $n^{\lambda+2}$ als die Glieder mit dem Faktor $n^{2\lambda+2}$ in solche mit dem Faktor n^2 über. Jedenfalls wird es genügen, zunächst den obigen Modul $n^{2\lambda+3}$ durch den Modul $n^{2\lambda+2}$ zu ersetzen; und dann ergibt sich:

$$(193\text{a})^* \quad \begin{cases} [p^{n-1} - r^{n-1} - a' n^{\lambda+1}(n-1) r^{n-2}] r \\ \qquad \equiv n p q r T_r^0 - q r (2p - r)(T_{1r}^0 - a' n^{\lambda+1} q r T_{2r}^0) \\ \qquad - a' n^{\lambda+2} p^{\nu-1} q^\nu (p + \nu r) + 2(n-1) a' n^{\lambda+3} p^\nu q^\nu \\ \qquad \text{mod. } n^{2\lambda+2}, \end{cases}$$

wo nun T_r^0 durch $n^{\lambda+2}$, T_{1r}^0 durch $n^{\lambda+1}$ teilbar ist. Durch passende Vertauschungen findet man ebenso:

$$(194)^* \quad \begin{cases} [q^{n-1} - r^{n-1} - a' n^{\lambda+1}(n-1) r^{n-2}] r \\ \quad \equiv n p q r T_r^0 - p r (2q + r)(T_{1r}^0 - a' n^{\lambda+1} T_{2r}^0) \\ \quad\quad - a' n^{\lambda+2} q^{\nu-1} p^{\nu} (q - \nu r) + 2(n-1) a' n^{\lambda+3} p^{\nu} q^{\nu} \mod. n^{2\lambda+2}, \end{cases}$$

und sodann durch Subtraktion beider Kongruenzen voneinander:

$$(195)^* \quad \begin{cases} p^{n-1} - q^{n-1} \equiv r(p+q)(T_{1r}^0 - a' n^{\lambda+1} T_{2r}^0) \\ \quad\quad - a' n^{\lambda+2} \nu p^{\nu-1} q^{\nu-1}(p+q) \mod. n^{2\lambda+2}. \end{cases}$$

Multiplizieren wir diese Kongruenz mit q und addieren das Produkt zu der Kongruenz (193)*, so ergibt sich, nach Division mit n:

$$(196)^* \quad \begin{cases} (\pi - \varrho) r + (\pi - \varkappa) q - a' n^{\lambda}(n-1)(1 + n\varrho) \\ \quad \equiv p q r T_r^0 - a' n^{\lambda} q r (T_{1r}^0 - a' n^{\lambda+1} T_{2r}^0) \mod. n^{2\lambda+1}, \end{cases}$$

denn es ist:

$$\begin{aligned} - p^{\nu-1} q^{\nu}(p + \nu r) - \nu p^{\nu-1} q^{\nu}(p+q) &= - p^{\nu-1} q^{\nu} \cdot \nu \cdot (p+q+r) - p^{\nu} q^{\nu} \\ &\equiv -(2\nu+1) p^{\nu} q^{\nu} \equiv - n p^{\nu} q^{\nu} \mod. n^{\lambda+1}, \end{aligned}$$

so daß sich rechts die Glieder mit dem Faktor $p^{\nu} q^{\nu}$ herausheben, und es ist ferner im Faktor von T_{1r}^0:

$$- q r (2p - r) + r q (p + q) = q r (q + r - p) = - a' n^{\lambda+1} q r.$$

Die linke Seite von (196)* ist nach (176)*:

$$(196\text{a})^* \quad \begin{cases} = L_1^0 - a' n^{\lambda+1} \pi - a' n^{\lambda}(n-1)(1 + n\varrho) \\ = (b' - a') n^{\lambda+1} - a' n^{\lambda+1}(\pi - \varrho) - a' n^{\lambda+2} \varrho \\ \equiv (b' - a') n^{\lambda+1} - a' n^{\lambda+2} \varrho \mod. n^{2\lambda+1}, \end{cases}$$

wo die Differenz $b' - a'$ nach (175)* durch n und die Differenz $\pi - \varrho$ nach (147b)* durch n^{λ} teilbar ist. Die Klammer auf der rechten Seite von (196)* ist durch $n^{\lambda+1}$ teilbar; folglich wird:

$$(b' - a') n^{\lambda+1} - a' n^{\lambda+2} \varrho \equiv p q r T_r^0 \mod. n^{2\lambda+1},$$

und somit durch Vergleichung mit (172)*, falls $\lambda > 1$ ist:

$$(196\text{b})^* \qquad a' \varrho \equiv 0 \mod. n^{\lambda-1}.$$

Dieses Resultat ist nur für $\lambda > 1$ brauchbar; es ist deshalb nötig, auch die Koeffizienten von $n^{2\lambda+2}$ in der Kongruenz (193a)* mit zu berücksichtigen; der Einfluß dieser Glieder auf die Kongruenz (196)* bestimmt sich einfach, indem man in den entsprechenden (den Faktor a^2 enthaltenden) Gliedern von (196) a durch $a' n^{\lambda}$ ersetzt. Es wird so gefunden:

$$(197)^* \quad \begin{cases} [(b'-a')n^{\lambda+1} - a'n^{\lambda+1}(\pi-\varrho) - a'n^{\lambda+2}\varrho]r - a'^2 n^{2\lambda+1} \\ \equiv p\,q\,r^2\,T_r^0 - a'n^\lambda q\,r^2(T_{1r}^0 - a'n^{\lambda+1}T_{2r}^0) \\ \qquad -2a'^2 n^{2\lambda+1}p\,q\,r\,T_{2r}^0 + 2a'^2 n^{2\lambda+1}Kp^{\nu-1}q^{\nu-1}r^2 \mod. n^{2\lambda+2}, \end{cases}$$

wo nun in Rücksicht auf (172)* die ersten Glieder der linken und rechten Seite gestrichen werden können. Ebenso wird:

$$(197\text{a})^* \quad \begin{cases} -a'n^{\lambda+1}(\varkappa-\varrho)r - a'n^{\lambda+2}\varrho\,r - a'^2 n^{2\lambda+1} \\ \equiv a'n^\lambda p\,r^2(T_{1r}^0 - a'n^{\lambda+1}T_{2r}^0) - 2a'^2 n^{2\lambda+1}p\,q\,r\,T_{2r}^0 \\ \qquad + 2a'^2 n^{2\lambda+1}Kp^{\nu-1}q^{\nu-1}r^2 \mod. n^{2\lambda+2}; \end{cases}$$

und die Addition dieser beiden Kongruenzen ergibt, wenn a' nicht durch n teilbar ist:

$$\begin{aligned} &(\pi+\varkappa-2\varrho)n\,r + 2n^2\varrho\,r + 2a'n^{\lambda+1} \\ &\quad\equiv -r^3T_{1r}^0 + a'n^{\lambda+1}r(4p\,q+r^2)T_{2r}^0 - 4a'n^{\lambda+1}Kp^{\nu-1}q^{\nu-1}r^2 \\ &\qquad\qquad \mod. n^{\lambda+2}, \end{aligned}$$

oder, wenn wir die früheren Umformungen benutzen und beachten, daß die Relation (197c) auch jetzt gilt und daß die Kongruenz (197d) gemäß (174c)* und (151a)* jetzt für den Modul $n^{\lambda+2}$ gültig ist:

$$-4T_{1r}^0p\,q + 2n^2\varrho \equiv -4a'n^{\lambda+1}Kp^{\nu-1}q^{\nu-1}r \mod. n^{\lambda+2},$$

oder endlich:

$$(199)^* \qquad 2(\pi+\varkappa-2\varrho)p\,q \equiv -[n\varrho + 2a'n^\lambda Kp^{\nu-1}q^{\nu-1}r](p+q)^2$$

und ebenso:

$$(199\text{a})^* \quad \begin{cases} 2(\pi+\varrho-2\varkappa)p\,r \equiv -[n\varkappa + 2a'n^\lambda Kp^{\nu-1}r^{\nu-1}q](p+r)^2, \\ 2(\varkappa+\varrho-2\pi)q\,r \equiv [n\pi + 2a'n^\lambda(-1)^\nu Kq^{\nu-1}r^{\nu-1}p](q-r)^2 \\ \qquad\qquad \mod. n^{\lambda+1}. \end{cases}$$

Diese Kongruenzen gelten für $\lambda \geqq 1$; für $\lambda = 0$ erhält man die Kongruenzen (199) und (199a). Für $\lambda > 1$ bestehen neben (196b)* auch die analogen Relationen; es ist also, wenn a' nicht durch n teilbar ist, jede der Zahlen π, $\varkappa$, ϱ durch $n^{\lambda-1}$ teilbar. Setzen wir dann.*)

$$(229) \qquad \pi = n^{\lambda-1}\pi', \quad \varkappa = n^{\lambda-1}\varkappa', \quad \varrho = n^{\lambda-1}\varrho',$$

wo nun gemäß (147b)*:

$$(229\text{a}) \qquad \pi' \equiv \varkappa' \equiv \varrho' \mod. n,$$

*) Da die folgenden Betrachtungen im Falle $\lambda = 0$ kein unmittelbares Analogon haben, so kehren wir zu der fortlaufenden Numerierung der Gleichungen zurück.

so wird:

$$(230)\quad \begin{cases} 2(\pi'+\varkappa'-2\varrho')pq \equiv -[n\varrho'+2a'nKp^{\nu-1}q^{\nu-1}r](p+q)^2 \\ 2(\pi'+\varrho'-2\varkappa')pr \equiv -[n\varkappa'+2a'nKp^{\nu-1}r^{\nu-1}q](p+r)^2 \\ 2(\varkappa'+\varrho'-2\pi')qr \equiv \quad [n\pi'+2a'n(-1)^\nu Kq^{\nu-1}r^{\nu-1}p](q-r)^2 \\ \hfill \text{mod. } n^2. \end{cases}$$

Für $\lambda = 1$ hat man hierin $\pi' = \pi$, $\varkappa' = \varkappa$, $\varrho' = \varrho$ zu setzen, wodurch man wieder die obigen Kongruenzen erhält.

§ 15. Beweis für die Teilbarkeit der Zahl a' durch n.

Die weitere Diskussion wird uns durch Einschiebung einer Hilfsbetrachtung wesentlich erleichtert werden. Wir knüpfen an die Kongruenz (195)* an und machen dabei von dem in (229) gewonnenen Resultate Gebrauch.

Zunächst erweitern wir die frühere Kongruenz (143) für den vorliegenden Fall. Das Einsetzen der Werte p, q in die Identität (11) ergibt auf der linken Seite, wenn beiderseits mit r multipliziert wird:

$$n(n-1)(p-q)^{n-2}\cdot r = n(n-1)(r+a'n^{\lambda+1})^{n-2}\cdot r \equiv n(n-1)r^{n-1}$$
$$\equiv n(n-1)(1+\varrho' n^\lambda) \equiv n(n-1) - \varrho' n^{\lambda+1} \text{ mod.} n^{\lambda+2},$$

wo für $\lambda = 1$ wieder $\varrho' = \varrho$ zu nehmen ist. Auf der rechten Seite der Identität (11) erscheinen drei Summen V_1, V_2, V_3, so daß:

$$n(n-1) - \varrho' n^{\lambda+1} \equiv -V_1 + V_2 + V_3 \quad \text{mod. } n^{\lambda+2}$$

zu setzen ist; und diese drei Summen haben folgende Werte. Für V_1 erhalten wir:

$$V_1 = r\sum_{i=2}^{\nu} N_i(n-2i+2)(n-2i+1)\,p^{i-1}q^{i-1}(r+a'n^{\lambda+1})^{n-2i}$$
$$\equiv n^3(pq\,T_r^0 - p^\nu q^\nu) + 2npqr\,T_{2r}^0 - 4n^2pq(T_{1r} - \nu p^{\nu-1}q^{\nu-1})$$
$$- n^2(pq\,T_r^0 - p^\nu q^\nu) \quad \text{mod. } n^{\lambda+2},$$

denn es ist:

$$(n-2i+2)(n-2i+1) = n^2 + 2(i-1)(2i-1) - 4(i-1)n - n,$$

also, da T_{1r}^0 durch $n^{\lambda+1}$, T_r^0 durch $n^{\lambda+2}$ teilbar ist:

$$V_1 \equiv 2npqr\,T_{2r}^0 - n^3p^\nu q^\nu + n^2(4\nu+1)p^\nu q^\nu \quad \text{mod. } n^{\lambda+2}.$$

Ferner haben wir:

$$V_2 = r\sum_{i=2}^{\nu+1} N_i(i-1)^2p^{i-2}q^{i-2}(r+a'n^{\lambda+1})^{n-2i+2}$$
$$\equiv nr^2\,T_{3r}^0 \quad \text{mod. } n^{\lambda+2},$$

$$V_3 = r\sum_{i=2}^{\nu+1} N_i (n-2i+2)(i-1)p^{i-2}q^{i-2}(r+a'n^{\lambda+1})^{n-2i+2}$$
$$\equiv n^2 r^2 T_{1r}^0 - 2nr^2 T_{3r}^0 \equiv -2nr^2 T_{3r}^0 \quad \text{mod. } n^{\lambda+2}.$$

Schließlich wird also:

$$(231)\qquad \begin{cases} n(n-1) - \varrho' n^{\lambda+1} \equiv -2npqr\,T_{2r}^0 - nr^2 T_{3r}^0 - n^2\cdot 2\nu\cdot p^\nu q^\nu \\ \qquad\qquad\qquad\qquad\qquad\qquad\qquad\qquad \text{mod. } n^{\lambda+2}. \end{cases}$$

Die Beziehung zwischen T_{2r} und T_{3r} war durch (109a) gegeben. Diese Gleichung besteht ebenso für T_{2r}^0 und T_{3r}^0; es ist also:

$$(232)\qquad \begin{cases} r\,T_{2r}^0 = 2\,T_{3r}^0 + T_{1r}^0 - n\nu p^{\nu-1}q^{\nu-1} \\ \qquad\; \equiv 2\,T_{3r}^0 - n\nu p^{\nu-1}q^{\nu-1} \quad \text{mod. } n^{\lambda+1}. \end{cases}$$

Infolge davon kann die Kongruenz (231) in den beiden folgenden Formen geschieden werden:

$$(233)\qquad \begin{cases} (n-1) - \varrho' n^\lambda \equiv -(4pq+r^2)\,T_{3r}^0 \quad \text{mod. } n^{\lambda+1}, \\ \qquad\qquad\qquad\; \equiv -(p+q)^2\,T_{3r}^0 \qquad \text{mod. } n^{\lambda+1} \end{cases}$$

und:

$$(234)\qquad 2(n-1) - 2\varrho' n^\lambda \equiv -(p+q)^2(r\,T_{2r}^0 + n\nu p^{\nu-1}q^{\nu-1}) \quad \text{mod. } n^{\lambda+1}.$$

Nun lautete unsere Kongruenz (195)*:

$$n(\pi-\varkappa) \equiv r(p+q)(T_{1r}^0 - a'n^{\lambda+1}T_{2r}^0) - a'n^{\lambda+2}\nu p^{\nu-1}q^{\nu-1}(p+q)$$
$$\text{mod. } n^{2\lambda+2}.$$

Multiplizieren wir also beiderseits mit $(p+q)$, so ergibt sich, durch Anwendung von (234):

$$(235)\qquad \begin{cases} n(\pi-\varkappa)(p+q) \equiv r(p+q)^2\,T_{1r}^0 + 2(n-1)a'n^{\lambda+1} - 2\varrho' a' n^{2\lambda+1} \\ \qquad\qquad\qquad\qquad\qquad\qquad\qquad\qquad \text{mod. } n^{2\lambda+2}. \end{cases}$$

Auf der rechten Seite können wir T_{1r}^0 mittels der Kongruenz (174c)* auf die Zahl $\pi+\varkappa-2\varrho$ zurückführen, müssen letztere Kongruenz aber zuvor durch Benutzung der Relationen (229) erweitern. Nach (173a)* ist:

$$(1+n\pi)^{i-1}(1+n\varkappa)^{i-1}(1+n\varrho)^{n-2i+2}$$
$$= (1+n^\lambda\pi')^{i-1}(1+n^\lambda\varkappa')^{i-1}(1+n^\lambda\varrho')^{n-2i+2}$$
$$= (1+n^\lambda\pi')^{i-1}[1+n^\lambda\pi'+\gamma n^{\lambda+1}]^{i-1}[1+n^\lambda\pi'+\delta n^{\lambda+1}]^{n-2i+2}$$
$$\equiv (1+n^\lambda\pi')^n + n^{\lambda+1}(1+n^\lambda\pi')^{n-1}[(i-1)\gamma+(n-2i+2)\delta] \ \text{mod.} n^{2\lambda+2}$$
$$\equiv (1+n^\lambda\pi')^n + n^\lambda(1+n^\lambda\pi')^{n-1}(i-1)(\pi'+\varkappa'-2\varrho')$$
$$+ n^{\lambda+1}(\varrho'-\pi')(1+n^\lambda\pi')^{n-1} \quad \text{mod. } n^{2\lambda+2}.$$

Infolgedessen wird:

$$p^n q^n r^n T_{1r} = \sum M_i^0 (i-1)(1+n\pi)^{i-1}(1+n\varkappa)^{i-1}(1+n\varrho)^{n-2i+2}$$
$$\equiv (1+n^\lambda \pi')^n p\,q\,r\,T_{1r}^0 + n^\lambda (1+n^\lambda \pi')^{n-1}(\pi'+\varkappa'-2\varrho')\,p\,q\,r\,T_{3r}^0$$
$$+ n^{\lambda+1}(\varrho'-\pi')(1+n^\lambda \pi')^{n-1} p\,q\,r\,T_{1r}^0 \quad \text{mod.}\, n^{2\lambda+2},$$

oder, da T_r^0 den Faktor $n^{\lambda+2}$, T_{1r}^0 den Faktor $n^{\lambda+1}$ enthält, und da $\pi'+\varkappa'-2\varrho'$ nach (229a) durch n teilbar ist:

(236) $$p^n q^n r^n T_{1r} \equiv p\,q\,r\,[T_{1r}^0 + n^\lambda(\pi'+\varkappa'-2\varrho')\,T_{3r}^0] \quad \text{mod.}\, n^{2\lambda+1}.$$

In entsprechender Weise läßt sich die Beziehung zwischen T_{1r} und T'_{1r} herstellen. Es ist hier:

$$(1+n\pi)^{n(i-1)}(1+n\varkappa)^{n(i-1)}(1+n\varrho)^{n(n-2i+2)}$$
$$= (1+n^\lambda \pi')^{n(i-1)}(1+n^\lambda \varkappa')^{n(i-1)}(1+n^\lambda \varrho')^{n(n-2i-2)}$$
$$\equiv (1+n^\lambda \pi')^{n^2} + n^{\lambda+1}(1+n^\lambda \pi')^{n^2-1}(i-1)(\pi'+\varkappa'-2\varrho')$$
$$+ n^{\lambda+2}(\varrho'-\pi')(1+n^\lambda \pi')^{n^2-1} \quad \text{mod.}\, n^{2\lambda+3}$$

und folglich:

$$T'_{1r} p^{n^2} q^{n^2} r^{n^2} \equiv p^n q^n r^n T_{1r}(1+n^\lambda \pi')^{n^2}$$
$$+ n^{\lambda+1}(1+n^\lambda \pi')^{n^2-1}(\pi'+\varkappa'-2\varrho')\,p^n q^n r^n T_{3r}$$
$$+ n^{\lambda+2}(\varrho'-\pi')(1+n^\lambda \pi')^{n^2-1} p^n q^n r^n T_{1r} \quad \text{mod.}\, n^{2\lambda+3},$$

oder, da T_{1r} durch $n^{\lambda+2}$, $\pi'+\varkappa'-2\varrho'$ durch n teilbar ist, und da die Gleichungen:

$$p^{n^2} = p^n(1+n^\lambda \pi')^n,\quad q^{n^2} = q^n(1+n^\lambda \varkappa')^n,\quad r^{n^2} = r^n(1+n^\lambda \varrho')^n$$

bestehen:

(237) $$T'_{1r} \equiv T_{1r} + n^{\lambda+1}(\pi'+\varkappa'-2\varrho')\,T_{3r} \quad \text{mod.}\, n^{2\lambda+2}.$$

Die linke Seite ist nach (151)* durch $n^{\lambda+3}$ teilbar; also wird:

$$T_{1r} \equiv -n^{\lambda+1}(\pi'+\varkappa'-2\varrho')\,T_{3r} \quad \text{mod.}\, n^{\lambda+3},$$
$$\equiv -n^{\lambda+1}(\pi'+\varkappa'-2\varrho')\,T_{3r}^0 \quad \text{mod.}\, n^{\lambda+3},$$

denn nach (174a) ist $T_{3r} \equiv T_{3r}^0$ mod. n und die rechts stehende Klammer nach (229a) durch n teilbar. Sonach folgt aus (236):

(238) $$\begin{cases} T_{1r}^0 \equiv \quad T_{1r} - n^\lambda(\pi'+\varkappa'-2\varrho')\,T_{3r}^0 \quad \text{mod.}\, n^{2\lambda+1}, \\ \quad\;\; \equiv -(n+1)\,n^\lambda(\pi'+\varkappa'-2\varrho')\,T_{3r}^0 \quad \text{mod.}\, n^{\lambda+3}. \end{cases}$$

Setzen wir diesen Wert in die rechte Seite von (235) ein, so ergibt sich:

$$n(\pi-\varkappa)(p+q) \equiv -(n+1)\,n^\lambda(p+q)^2 r(\pi'+\varkappa'-2\varrho')\,T_{3r}^0$$
$$+ 2(n-1)\,a'n^{\lambda+1} \quad \text{mod.}\, n^{\lambda+3},$$

der nach (232) und (197c) in bezug auf den Modul $n^{\lambda+2}$:

$$(\pi-\varkappa)(p+q) \equiv -(n+1)\,n^{\lambda-1} r(\pi'+\varkappa'-2\varrho') + 2(n-1)\,a'n^\lambda$$

und, wenn wir die Zahlen π', $\varkappa'$ gemäß (229) einführen:

(239) $$\left\{(\pi'-\varkappa')(p+q) \equiv -(n+1)r(\pi'+\varkappa'-2\varrho')+2(n-1)na' \mod. n^3,\right.$$

und anders geordnet:

(239a) $$\left\{\begin{aligned}&\pi'(p+q+r)-\varkappa'(p+q-r)-2\varrho' r\\ &\qquad\equiv 2(n-1)na'-nr(\pi'+\varkappa'-2\varrho') \mod. n^3.\end{aligned}\right.$$

Hier ist die linke Seite:

$$= 2p\pi'-2q\varkappa'-2r\varrho'-a'n^{\lambda+1}(\pi'-\varkappa'),$$

und, da λ mindestens gleich 1 und da $\pi'-\varkappa'$ durch n teilbar ist:

$$\equiv 2(p\pi'-q\varkappa'-r\varrho') \mod. n^3,$$

und durch Anwendung der Relationen (176)* und (229):

$$\equiv 2b'n^2-2a'n.$$

Aus (239a) erhalten wir so schließlich:

(239b) $$2(b'-a')n^2 \equiv -nr(\pi'+\varkappa'-2\varrho') \mod. n^3.$$

Nach (175*) ist die Zahl $b'-a'$ durch n teilbar; also folgt:

(240) $$\pi'+\varkappa'-2\varrho' \equiv 0 \mod. n^2$$

Man findet ebenso durch die bekannten Vertauschungen:

(240a) $$\pi'+\varrho'-2\varkappa' \equiv 0 \quad \text{und} \quad \varkappa'+\varrho'-2\pi' \equiv 0 \mod. n^2,$$

und es ist also auch:

(240b) $$\pi' \equiv \varkappa' \equiv \varrho' \mod. n^2,$$

und aus (239) folgt:

(241) $$a' \equiv 0 \mod. n.$$

Die Zahl a' muß also durch n teilbar sein; die Zahl a ist demnach durch $n^{\lambda+1}$ teilbar, wenn man annimmt, sie enthalte den Faktor n^λ.

§ 16. Zusammenfassung der Resultate von §§ 13—15.

Aus den Kongruenzen (230) würde man jetzt folgern können, daß die Zahlen π', $\varkappa'$, ϱ' einzeln durch n teilbar sein müssen. Dieser Schluß ist aber nicht berechtigt; wenn nämlich a' durch n teilbar ist, so sind die an die Kongruenz (196b)* geknüpften Schlüsse nicht mehr gültig; es ist also dann die Aufstellung der Kongruenzen (230) hinfällig und wir müssen auf andere Relationen zurückgreifen. Aus (174a)* und (172)* folgt zunächst, daß auch:

(242) $$b' \equiv 0 \mod. n$$

sein muß. Das Bestehen der Kongruenz (196b)* wird hierdurch nicht gestört; sie zerfällt nur in die beiden Kongruenzen:

(243) $$a' \equiv 0 \mod. n, \quad \varrho \equiv 0 \mod. n^{\lambda-2}.$$

Die Addition der unverändert gültigen Kongruenzen (197)* und (197a)* ergibt jetzt, wenn beiderseits mit n dividiert und:

$$a' = a'' n$$

gesetzt wird:

$$(\pi + \varkappa - 2\varrho) n r + 2 n^2 \varrho r + 2 a'' n^{\lambda+2}$$
$$\equiv -r^3 T_{1r}^0 + a'' n^{\lambda+2} r (4 p q + r^2) T_{2r}^0 - 4 a'' n^{\lambda+2} K p^{\nu-1} q^{\nu-1} r^2 \mod. n^{\lambda+1}$$

oder, da T_{1r}^0 nach (166)* den Faktor $n^{\lambda+1}$ enthält:

(244) $$\pi + \varkappa - 2\varrho \equiv -2n\varrho \mod. n^{\lambda},$$

ebenso:

(245) $$\begin{cases} \pi + \varrho - 2\varkappa \equiv -2n\varkappa & \mod. n^{\lambda}, \\ \varkappa + \varrho - 2\pi \equiv -2n\pi & \quad ,, \quad n^{\lambda}. \end{cases}$$

In Rücksicht auf (147b)* folgt hieraus:

(246) $$\pi \equiv 0, \ \varkappa \equiv 0, \ \varrho \equiv 0 \mod. n^{\lambda-1},$$

so daß wieder die Relationen (229) und (229a) bestehen. Dann aber bleiben die Entwicklungen von § 15 gültig (auch für $\lambda = 1$), insbesondere die Kongruenzen (240a) und (240b), und letztere sind mit den folgenden identisch:

(247) $$\pi \equiv \varkappa \equiv \varrho \mod. n^{\lambda+1}.$$

Hiermit sind auch die Kongruenzen (147b)* für die nächst höhere Potenz von n als bestehend nachgewiesen, so daß unser Rekursionsverfahren geschlossen ist. Wir fassen das Resultat in folgendem Satze zusammen.

Wenn drei nicht durch n teilbare Zahlen p, q, r, für welche auch keine der Zahlen $p+q$, $p+r$, $q-r$ durch n teilbar ist, den Kongruenzen:

(248) $$\begin{cases} p - q - r \equiv 0 & \mod. n^{\lambda+1}, \\ p^n - q^n - r^n \equiv 0 & \quad ,, \quad n^{\lambda+2}, \\ p^{n^2} - q^{n^2} - r^{n^2} \equiv 0 & \quad ,, \quad n^{\lambda+3}, \\ \pi \equiv \varkappa \equiv \varrho & \quad ,, \quad n^{\lambda} \end{cases}$$

genügen, so bestehen auch die Kongruenzen:

$$p - q - r \equiv 0 \quad \text{mod. } n^{\lambda+2},$$
$$p^n - q^n - r^n \equiv 0 \quad \text{,, } n^{\lambda+3},$$
$$\pi \equiv \varkappa \equiv \varrho \quad \text{,, } n^{\lambda+1},$$

wobei:

$$p^{n-1} = 1 + n\pi, \quad q^{n-1} = 1 + n\varkappa, \quad \varrho^{n-1} = 1 + n\varrho$$

gesetzt ist.

§ 17. Erledigung der Fälle, in denen eine der Zahlen $p+q$, $p+r$, $q-r$ durch n teilbar ist.

Schon zu Beginn unserer Untersuchung über den Fall III) mußten wir voraussetzen, daß keine Zahlen $p+q$, $p+r$, $q-r$ den Faktor n enthielte, denn nur unter dieser Voraussetzung waren die an die Kongruenzen (106) und (127) geknüpften Schlüsse zulässig. Nehmen wir jetzt an, es bestehe die Kongruenz:

(249) $$p + q \equiv 0 \quad \text{mod. } n.$$

Dann ist auch:

(249a) $$p^n + q^n \equiv 0 \quad \text{mod. } n^2,$$

und wir wissen nach (144a), daß:

(250) $$2^{n-1} - 1 \equiv 0 \quad \text{mod. } n^3$$

sein muß, wenn die Gleichungen von der Form (99) bestehen sollen; letzteres Resultat weist man auch leicht direkt aus diesen Gleichungen nach.

Setzen wir entsprechend der Kongruenz (249):

(251) $$q = -p + \alpha n,$$

so erhalten wir aus der ersten Gleichung (99):

(252) $$2p - r = (a + \alpha)n.$$

Es wird ferner:

$$q^n \equiv -p^n + \alpha n^2 p^{n-1} \quad \text{mod. } n^3,$$

also nach der zweiten Gleichung (99):

(253) $$2p^n - r^n \equiv b n^2 + a n^2 p^{n-1} \quad \text{mod. } n^3,$$

und aus (262):

(254) $$2^n p^n - r^n \equiv (a + \alpha) n^2 r^{n-1} \quad \text{mod. } n^3,$$

folglich durch Subtraktion:

$$(2^n - 2) p^n \equiv (a - b) n^2 \quad \text{mod. } n^3.$$

Da die linke Seite nach (260) durch n^3 teilbar ist, so ist also jedenfalls:

(255) $$a-b\equiv 0 \mod n.$$

Dieses Resultat ist in Übereinstimmung mit der Kongruenz (175). In der Tat muß letztere auch jetzt gültig bleiben. Allerdings können wir nämlich aus der Kongruenz (106) jetzt nicht mehr schließen, daß T_{1r} durch n teilbar sein muß; aber die aus (118) folgende Kongruenz:

$$(p^n+r^n)\,T_{1q}\equiv 0 \mod n$$

und die Kongruenz (127), nämlich:

$$(q^n-r^n)\,T_{1p}\equiv 0 \mod n$$

behalten ihre Gültigkeit, so daß auch hier die für uns fundamentalen Relationen:

$$T_{1q}\equiv 0,\quad T_{1p}\equiv 0 \mod n$$

bestehen bleiben; das gleiche gilt von allen weiteren Folgerungen, d. h. von allen Resultaten, die man aus den mittels der Zahlen T_r, T_{1r}, ... T_r', ... T_r^0, ... abgeleiteten Kongruenzen erhält; indem man q mit r oder r mit $-p$ vertauscht. Es gelten deshalb auch jetzt die Relationen (199a):

$$\pi+\varrho-2\varkappa\equiv -aKp^{\nu-2}r^{\nu-2}q(p+r)^2$$
$$\varkappa+\varrho-2\pi\equiv(-1)^\nu aKq^{\nu-2}r^{\nu-2}p(q-r)^2 \mod n.$$

Infolge von (249) erhalten wir hieraus:

(256) $$\pi+\varrho-2\varkappa\equiv\varkappa+\varrho-2\pi\equiv(-1)^{\nu+1}aKq^{\nu-1}r^{\nu-2}(q-r)^2 \mod n,$$

also, da $n>3$ vorausgesetzt wird:

(257) $$\varkappa-\pi\equiv 0 \mod n.$$

Dann aber erhalten wir aus (266):

(258) $$qr^2(\varrho-\varkappa)\equiv(-1)^{\nu+1}aKq^\nu r^\nu(q-r)^2 \mod n.$$

Andererseits ist nach (176):

$$L_1^0=p\pi-q\varkappa-r\varrho\equiv -a \mod n,$$

folglich:

(259) $$-a\equiv\varkappa(p-q)-r\varrho\equiv r(\varkappa-\varrho) \mod n,$$

so daß wir aus (258) erhalten:

$$aqr\equiv(-1)^{\nu+1}aKq^\nu r^\nu(q-r)^2 \mod n,$$

oder unter Berücksichtigung des in (192a) gegebenen Wertes von K, wenn die Zahl a nicht durch n teilbar ist:

(260) $$16qr\equiv(-1)^{\nu+1}q^\nu r^\nu(q-r)^2 \mod n.$$

Hier ist das Produkt $(-1)^{\nu+1}q^\nu r^\nu$ entweder durch $+1$ oder durch -1 zu ersetzen. Im ersteren Falle erhalten wir:

$$18\,q\,r \equiv q^2 + r^2 \quad \text{mod. } n,$$

oder, da nach (249) und (252) die Zahl r durch $-2\,q$ ersetzt werden darf:

$$-\,36\,q^2 \equiv 5\,q^2 \quad \text{mod. } n.$$

Es müßte also $n = 41$ sein, dann wäre $\nu = 20$; wir hätten also in (260) die Zahl $q^\nu\, r^\nu$ durch -1 ersetzt, so daß:

$$q^{20} \equiv -\,r^{20} \quad \text{mod. } n$$

wäre; gleichzeitig soll:

$$(261) \qquad 2\,q \equiv -\,r \quad \text{mod. } n$$

seiu; es müßte also:

$$2^{20} \equiv -\,1 \quad \text{mod. } 41$$

sein, während man leicht findet, daß tatsächlich $2^{20} \equiv +\,1$ mod. 41 zu setzen ist. Die Annahme $n = 41$ ist daher nicht zulässig. Wählt man zweitens in (260) das andere Vorzeichen, so wird:

$$14\,q\,r \equiv -\,q^2 - r^2 \quad \text{mod. } n,$$

oder:

$$28\,q^2 \equiv 5\,q^2,$$

also $n = 23$, $\nu = 11$. Jetzt wäre, da $(-1)^{\nu+1} q^\nu r^\nu$ durch -1 ersetzt wurde:

$$q^{11} \equiv -\,r^{11} \quad \text{mod. } 23$$

und aus (261) würde folgen:

$$2^{11} \equiv 1 \quad \text{mod. } 23,$$

während tatsächlich $2^{11} \equiv -\,1$ mod. 23 ist. Auch der Fall $n = 11$ scheidet also aus. Die bei Ableitung der Kongruenz (260) gemachte Annahme, daß a nicht durch n teilbar sei, ist somit unzulässig und wir kommen zu dem Schlusse:

$$a \equiv 0 \quad \text{mod. } n;$$

aus (257) und (259) folgt dann weiter:

$$\pi \equiv \varkappa \equiv \varrho \quad \text{mod. } n.$$

Der am Schlusse von § 12 ausgesprochene Satz bleibt also auch für den Fall gültig, daß eine der Zahlen $p+q$, $p+r$, $q-r$ durch n teilbar ist.

Entsprechende Überlegungen sind anwendbar, wenn man von den Gleichungen (99)* in § 13 ausgeht. Hier bleiben die zweite und dritte der Kongruenzen (199a)* bestehen, nämlich:

$$(262)\quad \begin{cases} 2(\pi+\varrho-2\varkappa)pr \equiv -[n\varkappa+2a'n^\lambda Kp^{\nu-1}r^{\nu-1}q](p+r)^2 \\ 2(\varkappa+\varrho-2\pi)qr \equiv [n\pi+2a'n^\lambda(-1)^\nu Kq^{\nu-1}r^{\nu-1}p](q-r)^2 \\ \hfill \text{mod. } n^{\lambda+1}. \end{cases}$$

Die Kongruenz (196b)* ist nicht mehr anwendbar; wohl aber bleiben die entsprechenden Kongruenzen:

$$a'\varkappa \equiv 0, \quad a'\pi \equiv 0 \quad \text{mod. } n^{\lambda-1}$$

gültig, denen zufolge man jetzt:

$$\pi = n^{\lambda-1}\pi', \quad \varkappa = n^{\lambda-1}\varkappa'$$

zu setzen hat; nach (262) ist dann aber wieder:

$$\varrho = n^{\lambda-1}\varrho',$$

so daß wir wieder auf die Kongruenzen (230) geführt werden, nämlich:

$$\begin{aligned} 2(\pi'+\varrho'-2\varkappa')qr &\equiv -[n\varkappa'+2a'nKp^{\nu-1}r^{\nu-1}q](p+r)^2 \\ 2(\varkappa'+\varrho'-2\pi')pr &\equiv [n\pi'+2a'nK(-1)^\nu q^{\nu-1}r^{\nu-1}p](q-r)^2 \\ &\hfill \text{mod. } n^2. \end{aligned}$$

Da $p+q$ durch n teilbar sein sollte, können wir rechts p durch $-q$ ersetzen; und dann ergibt sich:

$$(263)\quad \begin{cases} 2(\pi'+\varrho'-2\varkappa')pr \equiv -[n\varkappa'+2a'nK(-1)^{\nu+1}q^\nu r^{\nu-1}](q-r)^2 \\ 2(\varkappa'+\varrho'-2\pi')qr \equiv [n\pi'+2a'nK(-1)^{\nu+1}q^\nu r^{\nu-1}](q-r)^2 \\ \hfill \text{mod. } n^2, \end{cases}$$

folglich auch:

$$2\pi'(p-2q)r+2\varkappa'(q-2p)r+2\varrho'(p+q)r \equiv n(\pi'-\varkappa')(q-r)^2 \quad \text{mod. } n^2$$

oder:

$$[2\pi'(r-q)-2\varkappa'(r+p)+2\varrho'(p+q)]r \equiv n(\pi'-\varkappa')(q-r)^2.$$

Führen wir also mittels (251) wieder die Zahl α ein, so ergibt sich:

$$2r(\pi'-\varkappa')(r-q)+2\alpha nr(\varrho'-\varkappa') \equiv n(\pi'-\varkappa')(q-r)^2 \quad \text{mod. } n^2.$$

Jedenfalls haben wir also:

$$(264)\quad \pi'-\varkappa' \equiv 0 \quad \text{mod. } n$$

und:

$$(265)\quad (\pi'-\varkappa')(r-q)+\alpha n(\varrho'-\varkappa') \equiv 0 \quad \text{mod. } n^2.$$

Nach (176)* ist aber:

$$(266)\quad p\pi'-q\varkappa'-r\varrho' \equiv p(\pi'-\varkappa')+r(\varkappa'-\varrho') \equiv -a'n \quad \text{mod. } n^2,$$

also auch:

$$(267)\quad (\varrho'-\varkappa')[r(r-q)+\alpha np] \equiv (r-q)a'n \quad \text{mod. } n^2.$$

Es ist demnach:

(268) $$\varrho' - \varkappa' \equiv 0 \mod n.$$

Dann aber folgt aus (265):

(268a) $$\pi' - \varkappa' \equiv 0 \mod n^2.$$

Die Kongruenz (239b) ist zwar nicht mehr anwendbar, da bei ihrer Ableitung die Eigenschaften der Zahlen T_r^0, $T_{1r}^0, \ldots$ benutzt wurden; wohl aber gelten die entsprechenden auf den Eigenschaften der Zahlen T_q^0, $T_{1q}^0, \ldots,$ T_p^0, $T_{1p}^0, \ldots$ beruhenden Relationen:

$$\begin{aligned} 2(b'-a')n &\equiv -q(\pi'+\varrho'-2\varkappa') \\ &\equiv p(\varkappa'+\varrho'-2\pi') \mod n^2. \end{aligned}$$

Aus ihnen folgt vermöge (268a):

(268b) $$2(b'-a')n \equiv -q(\varrho'-\varkappa') \equiv p(\varrho'-\varkappa') \mod n^2.$$

Nach (175)* ist die Zahl $b'-a'$ durch n teilbar, denn analog zu (172)*, (174a)* bestehen jetzt die Kongruenzen:

$$\begin{aligned} (b'-a')n^{\lambda+1} &\equiv p\,q\,r\,T_q^{\,0} && \mod n^{2\lambda+2}, \\ T_q^{\,0} &\equiv 0 && \mod n^{\lambda+2}. \end{aligned}$$

Aus (268b) finden wir demnach:

$$\varrho' - \varkappa' \equiv 0 \mod n^2;$$

und somit ist:

$$\pi' \equiv \varkappa' \equiv \varrho' \mod n^2,$$

aus (266) erhalten wir also wieder:

$$a' \equiv 0 \mod n,$$

woraus dann in der früheren Weise hervorgeht, daß auch b' und c' durch n teilbar sein müssen.

Auch der am Schlusse von § 16 ausgesprochene Satz bleibt hiernach noch gültig, wenn eine der Zahlen $p+q$, $p+r$, $q-r$ durch n teilbar ist.

§ 18. Der Fall III).

Wir kehren nach diesen Vorbereitungen zu unserer ursprünglichen Aufgabe zurück, indem wir den Fall III) untersuchen. Die Gleichungen (18), (18a) und (18b) geben hier:

(269) $$\left\{\begin{aligned} n\,x^\nu y^\nu &= r_n^{\,n} - r^{n(n-1)} - \sum_{i=2}^{\nu} N_i\, x^{i-1} y^{i-1} r^{n(n-2i+1)}, \\ n\,x^\nu z^\nu &= q_n^{\,n} - q^{n(n-1)} - \sum N_i\, x^{i-1} z^{i-1} q^{n(n-2i+1)}, \\ (-1)^\nu n\,y^\nu z^\nu &= p_n^{\,n} - p^{n(n-1)} - \sum (-1)^{i-1} N_i\, y^{i-1} z^{i-1} p^{n(n-2i+1)}. \end{aligned}\right.$$

Nehmen wir zunächst an, es sei eine der Zahlen p, q, r durch n teilbar. Es sei etwa r diese Zahl. In der ersten Gleichung sind dann alle Glieder der rechten Seite, mit Ausnahme des ersten, durch n^{2n+1} teilbar, die linke Seite ist durch n teilbar; es ist folglich auch $r_n^{\,n}$ durch n teilbar. Dann aber enthält $r_n^{\,n}$ den Faktor n^n, folglich muß auch $x^\nu y^\nu$ durch $n^{n-1} = n^{2\nu}$ teilbar sein, d. h. x oder y müßte durch n teilbar sein; das aber ist unmöglich, da x, y, z zueinander relativ prim sein sollen und da $z = r \cdot r_n$ jetzt schon den Faktor n enthält.

Wäre umgekehrt r_n durch n teilbar, so müßte wegen der ersten Gleichung (269) auch r durch n teilbar sein, und wir kämen auf die soeben diskutierte Annahme zurück.

Im Falle III) kann also keine der Zahlen x, y, z und keine der Zahlen p, q, r den Faktor n enthalten.

Infolgedessen ergeben sich aus den Gleichungen (269) sofort die Kongruenzen:

$$p_n^{\,n} \equiv p^{n(n-1)}, \quad q_n^{\,n} \equiv q^{n(n-1)}, \quad r_n^{\,n} \equiv r^{n(n-1)} \mod. n,$$

also auch nach dem FERMATschen Satze (nach welchem $p^n \equiv p$ ist):

(270) $$p_n \equiv p^{n-1}, \quad q_n \equiv q^{n-1}, \quad r_n \equiv r^{n-1} \mod. n$$

und hieraus:

$$p_n \equiv 1, \quad q_n \equiv 1, \quad r_n \equiv 1 \mod. n.$$

Es ist aber nach III):

$$x = p p_n \equiv p, \quad y = q q_n \equiv q, \quad z = r r_n \equiv r \mod. n$$

und durch Potenzieren erhält man:

$$x^n \equiv p^n, \quad y^n \equiv q^n, \quad z^n \equiv r^n \mod. n^2,$$

also aus der vorausgesetzten Gleichung (13):

(271) $$p^n \equiv q^n + r^n \mod. n^2.$$

Zufolge der Gleichungen III) ist $y + z = p^n$ usw., folglich:

$$y + z \equiv (x - z) + (x - y) \mod. n^2,$$

oder:

(271a) $$x \equiv y + z \mod. n^2,$$

also auch, da die rechte Seite gleich p^n ist:

$$x = p p_n \equiv p^n \mod. n^2,$$

und hieraus:

$$p_n \equiv p^{n-1} \mod. n^2.$$

Entsprechendes erhält man aus (271a) für q und r, so daß:

$$p_n \equiv p^{n-1}, \quad q_n \equiv q^{n-1}, \quad r_n \equiv r^{n-1} \mod. n^2.$$

Um die Zahlen p_n, q_n, r_n bzw. von den Zahlen p^{n-1}, q^{n-1}, r^{n-1} zu unterscheiden, müssen wir daher auch das Quadrat von n berücksichtigen. Wir setzen demnach:

(272) $$p^{n-1} = 1 + n\pi, \quad q^{n-1} = 1 + n\varkappa, \quad r^{n-1} = 1 + n\varrho,$$

folglich gemäß (270):

(273) $$\begin{cases} p_n = 1 + n\pi + n^2\pi_1, \quad q_n = 1 + n\varkappa + n^2\varkappa_1, \\ r_n = 1 + n\varrho + n^2\varrho_1. \end{cases}$$

Andererseits ist nach den Gleichungen IIIa):

(274) $$\begin{cases} 2x = 2pp_n = p^n + q^n + r^n = 2p^n - (p^n - q^n - r^n), \\ 2y = 2qq_n = p^n + q^n - r^n = 2q^n + (p^n - q^n - r^n), \\ 2z = 2rr_n = p^n - q^n + r^n = 2r^n + (p^n - q^n - r^n). \end{cases}$$

Die Vergleichung mit (273) ergibt:

(274a) $$p^n - q^n - r^n = -2p\pi_1 n^2 = 2q\varkappa_1 n^2 = 2r\varrho_1 n^2,$$

woraus hervorgeht, daß $p^n - q^n - r^n$ durch n^2 teilbar ist, wie es schon in (271) gefunden wurde. Wir setzen demnach:

(275) $$p^n - q^n - r^n = 2\alpha n^2,$$

wo nun α eine ganze Zahl bezeichnet, die durch p, q und r teilbar sein muß; und dann wird:

(276) $$x = p^n - \alpha n^2, \quad y = q^n + \alpha n^2, \quad z = r^n + \alpha n^2.$$

Es soll gezeigt werden, daß die Zahl α gleich Null sein muß.

Setzen wir diese Werte von x, y, z in die vorausgesetzte Gleichung (13) ein, so ergibt sich:

$$\begin{aligned} 0 = x^n - y^n - z^n &= (p^n - \alpha n^2)^n - (q^n + \alpha n^2)^n - (r^n + \alpha n^2)^n \\ &\equiv p^{n^2} - q^{n^2} - r^{n^2} - \alpha n^3 (p^{n(n-1)} + q^{n(n-1)} + r^{n(n-1)}) \mod n^5, \end{aligned}$$

also, da jede der drei Zahlen innerhalb der letzten Klammer nach dem erweiterten Fermatschen Satze durch 1 ersetzt werden darf:

$$\equiv p^{n^2} - q^{n^2} - r^{n^2} - 3\alpha n^3 \mod n^5.$$

Es besteht folglich die Kongruenz:

(277) $$p^{n^2} - q^{n^2} - r^{n^2} \equiv 3\alpha n^3 \mod n^5$$

neben der Gleichung (275). Nach den Resultaten von § 12 und § 16 kann dies nur eintreten, wenn die Zahl α (denn es ist jetzt $b = 2\alpha$) durch n teilbar ist, und wenn außerdem die Relationen:

(278) $$\pi \equiv \varkappa \equiv \varrho \mod n$$

erfüllt sind, falls wieder:

$$p^{n-1} = 1 + n\pi, \quad q^{n-1} = 1 + n\varkappa, \quad r^{n-1} = 1 + n\varrho$$

gesetzt wird. Sei demgemäß:

$$\alpha = \beta \cdot n^{\lambda},$$

so erhalten wir aus (276):

(279) $$x = p^n - \beta n^{\lambda+2}, \quad y = q^n + \beta n^{\lambda+2}, \quad z = r^n + \beta n^{\lambda+2}$$

und aus (275):

(280) $$p^n - q^n - r^n = 2\beta n^{\lambda+2}.$$

Setzen wir ferner voraus, es bestehen, entsprechend zu (278), die Relationen:

(281) $$\pi \equiv \varkappa \equiv \varrho \quad \text{mod. } n^{\lambda},$$

so ist:

$$\begin{aligned} p^n - q^n - r^n &= p - q - r + n(p\pi - q\varkappa - r\varrho) \\ &\equiv (p - q - r)(1 + n\pi) \quad \text{mod. } n^{\lambda+1}, \end{aligned}$$

also ist auch:

(282) $$p - q - r \equiv 0 \quad \text{mod. } n^{\lambda+1}.$$

Aus der Gleichung (13) erhalten wir endlich analog zu (277):

(283) $$p^{n^2} - q^{n^2} - r^{n^2} \equiv 3\beta n^{\lambda+3} \quad \text{mod. } n^{\lambda+5}.$$

Die Sätze am Schlusse von § 12 und § 16 ergeben dann, daß auch β durch n teilbar sein muß. Die Zahl α muß also zunächst durch n teilbar sein, dann durch n^2, dann durch n^3 usw., d. h. durch jede beliebige Potenz von n; und somit haben wir:

$$\alpha = 0.$$

Dann wird auch:

$$p^n - q^n - r^n = 0,$$

und die Zahlen x, y, z lassen sich gemäß (276) in der Form:

$$x = p^n, \quad y = q^n, \quad z = r^n$$

darstellen. Es wäre also auch:

$$x = y + z,$$

und aus der Bedingung $x^n = y^n + z^n$ würde folgen:

$$\sum_{i=1}^{n-1} \binom{n}{i} y^{n-i} z^i = 0,$$

eine Gleichung, die unmöglich ist, wenn y und z, wie wir voraussetzen können, positive Zahlen darstellen, allein ausgenommen den Fall, wo eine dieser Zahlen gleich Null wird.

Hiermit ist auch der Fall III) erledigt.

§ 19. Berücksichtigung idealer Zahlen.

Bei den vorstehenden Betrachtungen haben wir uns auf ausschließlich elementare Hilfsmittel beschränkt. Will man die Theorie der idealen Zahlen zu Hilfe nehmen, so läßt sich der Beweis der FERMATschen Behauptung sehr viel einfacher gestalten.

In der vorausgesetzten Gleichung (13), d. h.

(284) $$x^n - y^n - z^n = 0$$

mögen also jetzt mit x, y, z irgendwelche ganze Zahlen des Kreiskörpers der n^{ten} Einheitswurzeln bezeichnet werden, und es sei n wieder eine ungerade Primzahl. Es sei ferner:

(285) $$\zeta = e^{\frac{2\pi i}{n}}.$$

Zuerst setzen wir voraus, daß keine der Zahlen x, y, z durch $(1-\zeta)$ teilbar sei; da n den Faktor $1-\zeta$ enthält, ist dann auch keine der Zahlen x, y, z durch n teilbar.

Die Gleichung (284) schreiben wir in der Gestalt:

(286) $$x^n = (y+z)(y+\zeta z)(y+\zeta^2 z)\ldots(y+\zeta^{n-1} z).$$

Die n Faktoren der rechten Seite haben, da die Zahlen x, y, z auch jetzt wieder als relativ prim vorausgesetzt werden dürfen, keinen gemeinsamen Teiler; hätten nämlich die Faktoren $y+\zeta^s z$ und $y+\zeta^{t+s} z$ einen solchen, so müßte dieser Teiler auch in den Zahlen:

$$\zeta^s(1-\zeta^t)z \quad \text{und} \quad (\zeta^t-1)y$$

enthalten sein. Nun ist bekanntlich:

$$1-\zeta^t = \varepsilon_t(1-\zeta),$$

wo ε_t eine Einheit (im Sinne der Theorie der komplexen Zahlen) bedeutet. Da y und z relative Primzahlen sind, so kann dieser Teiler, abgesehen von einem Einheitsfaktor, nur das Primideal $1-\zeta$ selbst sein; letzteres müßte dann auch in x vorkommen, was der Voraussetzung widerspricht, wonach die Zahl x nicht durch $1-\zeta$ teilbar sein sollte. Alle Faktoren der rechten Seite von (286) sind folglich relative Primzahlen; da nun ihr Produkt gleich einer n^{ten} Potenz ist, so müssen sie einzeln gleich n^{ten} Potenzen gewisser idealer komplexer Zahlen sein, eine jede multipliziert mit einer komplexen Einheit; es folgt dies aus dem Satze, daß (abgesehen von Einheiten, welche als Faktoren hinzutreten können) jede komplexe Zahl sich nur auf eine einzige bestimmte Weise als Produkt ihrer idealen Primfaktoren darstellen läßt. Wir erhalten somit:

$$(287)\qquad \begin{cases} y + z = \mathfrak{p}^n \cdot \delta, \\ y + \zeta^s z = \mathfrak{p}_s^n \cdot \delta_s \quad \text{für } s = 1, 2, 3, \ldots n-1. \end{cases}$$

Hier sind mit $\mathfrak{p}$, $\mathfrak{p}_s$ gewisse komplexe Zahlen, mit δ, δ_s gewisse komplexe Einheiten bezeichnet, deren Produkt gleich der reellen Einheit ist. Bei den weiteren Schlüssen, die KUMMER an diese Gleichungen knüpft, muß sich derselbe auf die regulären Primzahlen beschränken, d. h. auf solche Primzahlen, für welche keine der ersten $\frac{1}{2}(n-3)$ BERNOULLIschen Zahlen durch n teilbar ist; denn nur für diese gilt der Satz, daß $\mathfrak{p}$ selbst eine wirkliche komplexe Zahl sein muß, sobald $\mathfrak{p}^n$ eine solche Zahl ist. Auch HILBERT muß sich bei seinen weiteren Schlüssen auf die regulären Primzahlen n beschränken.*)

Wir vermeiden diese Beschränkung, indem wir beachten, daß neben der Gleichung (286) auch die Gleichungen:

$$(287\text{a})\qquad \begin{cases} y^n = (x - z)(x - \zeta z) \ldots (x - \zeta^{n-1} z) \\ z^n = (x - y)(x - \zeta y) \ldots (x - \zeta^{n-1} y), \end{cases}$$

also neben den Gleichungen (287) auch die Gleichungen:

$$(288)\qquad \begin{cases} x - z = \mathfrak{q}^n \cdot \varepsilon, & x - y = \mathfrak{r}^n \cdot \eta, \\ x - \zeta^s z = \mathfrak{q}_s^n \cdot \varepsilon_s, & x - \zeta^s y = \mathfrak{r}_s^n \cdot \eta_s \end{cases}$$

bestehen müssen, wenn mit $\mathfrak{q}, \mathfrak{r}$ gewisse ideale Zahlen und mit ε, η gewisse Einheiten bezeichnet werden. Aus den drei ersten Gleichungen der Systeme (287) und (288) erhalten wir:

$$(289)\qquad \begin{cases} x = \frac{1}{2}(\mathfrak{p}^n \delta + \mathfrak{q}^n \varepsilon + \mathfrak{r}^n \eta), \\ y = \frac{1}{2}(\mathfrak{p}^n \delta + \mathfrak{q}^n \varepsilon - \mathfrak{r}^n \eta), \\ z = \frac{1}{2}(\mathfrak{p}^n \delta - \mathfrak{q}^n \varepsilon + \mathfrak{r}^n \eta). \end{cases}$$

Diese Gleichungen entsprechen genau den obigen ABELschen Gleichungen IIIa) in § 3. Aus den anderen Relationen (287) und (288) folgt, daß man dieselben Zahlen x, y, z auch in der Form:

$$(290)\qquad \begin{cases} x(1 + \zeta^s) = \mathfrak{p}_s^n \zeta^s \delta_s + \mathfrak{q}_s^n \zeta^s \varepsilon_s + \mathfrak{r}_s^n \eta_s, \\ y(1 + \zeta^s) = \mathfrak{p}_s^n \delta_s + \mathfrak{q}_s^n \varepsilon_s - \mathfrak{r}_s^n \eta_s, \\ z(1 + \zeta^s) = \mathfrak{p}_s^n \delta_s - \mathfrak{q}_s^n \varepsilon_s \zeta^{-s} + \mathfrak{r}_s^n \eta_s \zeta^{-s} \end{cases}$$

---

*) Vgl. KUMMER: Allgemeiner Beweis des FERMATschen Satzes, daß die Gleichung $x^\lambda + y^\lambda + z^\lambda = 0$ durch ganze Zahlen unlösbar ist, für alle diejenigen Potenz-Exponenten λ, welche ungerade Primzahlen sind und in den ersten $\frac{1}{2}(\lambda - 3)$ BERNOULLIsche Zahlen als Faktoren nicht vorkommen; CRELLES Journal, Bd. 40, 1850; ferner HILBERT: Theorie der algebraischen Zahlkörper, Jahrbuch der Deutschen Math. Vereinig. 1894/5, S. 517ff.

darstellen kann. Andere derartige Darstellungen ergeben sich, wenn man von den Gleichungen:

$$y + \zeta^s z = \mathfrak{p}_s^n \delta_s, \quad x - \zeta^t z = \mathfrak{q}_t^n \varepsilon_t, \quad x - \zeta^u y = \mathfrak{r}_u^n \eta_u$$

ausgeht. Nehmen wir insbesondere $t = u = 0$, so ergeben sich aus den drei Gleichungen:

$$y + \zeta^s z = \mathfrak{p}_s^n \delta_s, \quad x - z = \mathfrak{q}^n \varepsilon, \quad x - y = \mathfrak{r}^n \eta$$

die Ausdrücke:

$$(291) \quad \begin{cases} x(1 + \zeta^s) = \mathfrak{p}_s^n \delta_s + \mathfrak{q}^n \varepsilon \zeta^s + \mathfrak{r}^n \eta, \\ y(1 + \zeta^s) = \mathfrak{p}_s^n \delta_s + \mathfrak{q}^n \varepsilon \zeta^s - \mathfrak{r}^n \eta \zeta^s, \\ z(1 + \zeta^s) = \mathfrak{p}_s^n \delta_s - \mathfrak{q}^n \varepsilon \quad + \mathfrak{r}^n \eta. \end{cases}$$

Durch Vergleichung mit (290) finden wir:

$$(291\text{a}) \quad \mathfrak{q}_s^n \varepsilon_s - \mathfrak{r}_s^n \eta_s = \zeta^s (\mathfrak{q}^n \varepsilon - \mathfrak{r}^n \eta).$$

Um aus diesen Formeln weiteren Nutzen zu ziehen, müssen wir einen für ideale Zahlen charakteristischen Satz zu Hilfe nehmen. Nach KUMMER kann jede ideale Zahl des Kreiskörpers mit einer solchen n^{ten} Einheitswurzel multipliziert werden, daß dies Produkt sich von einer gewissen ganzen rationalen Zahl nur um ein Vielfaches von $(1 - \zeta)^2$ unterscheidet. Da nun x, y, z wegen der Gleichung (284) nur bis auf Vielfache von n^{ten} Einheitswurzeln bestimmt sind, so können wir setzen:

$$(292) \quad \begin{cases} x = a + \alpha(1 - \zeta)^2, \\ y = b + \beta(1 - \zeta)^2, \\ z = c + \gamma(1 - \zeta)^2, \end{cases}$$

wo mit a, b, c ganze rationale Zahlen bezeichnet sind.

Durch Potenzieren finden wir dann:

$$(293) \quad \begin{cases} x^n \equiv a^n + n a^{n-1} \alpha(1 - \zeta)^2, \\ y^n \equiv b^n + n b^{n-1} \beta(1 - \zeta)^2, \\ z^n \equiv c^n + n c^{n-1} \gamma(1 - \zeta)^2 \quad \text{mod. } n(1 - \zeta)^4. \end{cases}$$

Aus der vorausgesetzten Gleichung (284) folgt also:

$$a^n - b^n - c^n \equiv 0 \quad \text{mod. } n(1 - \zeta)^2.$$

Da aber a, b, c ganze rationale Zahlen sind, so ist dann auch:

$$(294) \quad a^n - b^n - c^n \equiv 0 \quad \text{mod. } n^2.$$

Aus (284) und (293) erhalten wir demnach:

$$0 \equiv (a^{n-1} \alpha - b^{n-1} \beta - c^{n-1} \gamma) n (1 - \zeta)^2 \quad \text{mod. } n(1 - \zeta)^4,$$

oder, da die rationalen ganzen Zahlen den Bedingungen:

(295) $$a^{n-1} \equiv 1, \quad b^{n-1} \equiv 1, \quad c^{n-1} \equiv 1 \quad \text{mod.}\, n$$

genügen:

(296) $$\alpha - \beta - \gamma \equiv 0 \quad \text{mod.}\, (1 - \zeta)^2;$$

und aus (292) erhalten wir das Resultat:

$$x - y - z = a - b - c + (\alpha - \beta - \gamma)(1 - \zeta)^2.$$

Infolge der Kongruenzen (294) und (295) ist:

(297) $$a - b - c \equiv 0 \quad \text{mod.}\, n,$$

also folgt aus (296):

(298) $$x - y - z \equiv 0 \quad \text{mod.}\, (1 - \zeta)^4.$$

Ersetzen wir die Zahlen x, y, z durch ihre in (289) angegebenen Werte, so ergibt sich:

(299) $$\mathfrak{p}^n \delta - \mathfrak{q}^n \varepsilon - \mathfrak{r}^n \eta \equiv 0 \quad \text{mod.}\, (1 - \zeta)^4,$$

Bezeichnen wir die linke Seite dieser Kongruenz mit $A(1 - \zeta)^4$, so werden die Gleichungen (289):

(300) $$\begin{cases} 2x = 2\mathfrak{p}^n \delta - A(1 - \zeta)^4, \\ 2y = 2\mathfrak{q}^n \varepsilon + A(1 - \zeta)^4, \\ 2z = 2\mathfrak{r}^n \eta + A(1 - \zeta)^4; \end{cases}$$

es ist also:

(301) $$x \equiv \mathfrak{p}^n \delta, \quad y \equiv \mathfrak{q}^n \varepsilon, \quad z \equiv \mathfrak{r}^n \eta \quad \text{mod.}\, (1 - \zeta)^4.$$

Durch Potenzieren erhalten wir hieraus:

$$x^n \equiv \mathfrak{p}^{n^2} \delta^n, \quad y^n \equiv \mathfrak{q}^{n^2} \varepsilon^n, \quad z^n \equiv \mathfrak{r}^{n^2} \eta^n \quad \text{mod.}\, n(1 - \zeta)^4,$$

also:

$$\mathfrak{p}^{n^2} \delta^n - \mathfrak{q}^{n^2} \varepsilon^n - \mathfrak{r}^{n^2} \eta^n \equiv 0 \quad \text{mod.}\, n(1 - \zeta)^4,$$

und wegen der Kongruenzen: *)

(302) $$\mathfrak{p}^{n^2} \equiv \mathfrak{p}^n, \quad \mathfrak{q}^{n^2} \equiv \mathfrak{q}^n, \quad \mathfrak{r}^{n^2} \equiv \mathfrak{r}^n \quad \text{mod.}\, n(1 - \zeta)$$

folgt hieraus:

$$\mathfrak{p}^n \delta^n - \mathfrak{q}^n \varepsilon^n - \mathfrak{r}^n \eta^n \equiv 0 \quad \text{mod.}\, n(1 - \zeta)$$

oder nach (301):

(303) $$x \delta^{n-1} - y \varepsilon^{n-1} - z \eta^{n-1} \equiv 0 \quad \text{mod.}\, (1 - \zeta)^4.$$

Aus (300) und (292) erhalten wir:

$$\mathfrak{p}^{n^2} \delta^n \equiv a^n \quad \text{mod.}\, n(1 - \zeta)^2,$$

---

*) Dieselben erhält man durch Potenzieren aus der Verallgemeinerung des Fermatschen Satzes, die Dedekind gegeben hat: vgl. dessen Anhang zu Dirichlets Vorlesungen über Zahlentheorie, 2. Aufl., 1871, S. 449, 3. Aufl., S. 536.

also nach (302):

$$\mathfrak{p}^n \delta^n \equiv a^n \quad \text{mod. } n(1-\zeta)$$

und nach (292) und (301) ist die linke Seite:

$$\equiv a\,\delta^{n-1} + \alpha(1-\zeta)^2 \delta^{n-1} \quad \text{mod. } (1-\zeta)^4,$$
$$\equiv a^n \delta^{n-1} + \alpha(1-\zeta)^2 \delta^{n-1} \quad \text{mod. } (1-\zeta)^4;$$

also muß $\delta^{n-1} - 1$ durch $(1-\zeta)^2$ teilbar sein; das analoge gilt für ε und η, so daß wir erhalten:

(304) $$\delta^{n-1} \equiv \varepsilon^{n-1} \equiv \eta^{n-1} \equiv 1 \quad \text{mod. } (1-\zeta)^2.$$

Wenden wir jetzt die Relation (298) auf die Gleichungen (291) an, so ergibt sich:

(305) $$\mathfrak{p}_s^n \delta_s - \mathfrak{q}^n \varepsilon - \mathfrak{r}^n \eta \zeta^s \equiv 0 \quad \text{mod. } (1-\zeta)^4;$$

und wenn wir die linke Seite dieser Kongruenz mit $B(1-\zeta)^4$ bezeichnen, so wird:

(306) $$\begin{cases} x(1+\zeta^s) = 2\mathfrak{p}_s^n \delta_s - B(1-\zeta)^4 + (\zeta^s - 1)(\mathfrak{q}^n \varepsilon - \mathfrak{r}^n \eta), \\ y(1+\zeta^s) = \mathfrak{q}^n \varepsilon (1+\zeta^s) + B(1-\zeta)^4, \\ z(1+\zeta^s) = \mathfrak{r}^n \eta (1+\zeta^s) + B(1-\zeta)^4. \end{cases}$$

Die erste dieser Gleichungen ergibt durch Vergleichung mit der ersten Gleichung des Systems (300):

$$\mathfrak{p}^n \delta (1+\zeta^s) \equiv 2\mathfrak{p}_s^n \delta_s + (\zeta^s - 1)(\mathfrak{q}^n \varepsilon - \mathfrak{r}^n \eta) \quad \text{mod. } (1-\zeta)^4,$$

also auch:

$$x \equiv \mathfrak{p}^n \delta \equiv \mathfrak{p}_s^n \delta_s \quad \text{mod. } (1-\zeta),$$

wie auch sofort aus den Gleichungen (287) bestätigt wird; und durch Potenzieren:

(306a) $$\begin{cases} a^n \equiv \mathfrak{p}_s^{n^2} \delta_s^n \equiv \mathfrak{p}_s^n \delta_s^n & \text{mod. } n(1-\zeta), \\ \quad \equiv \mathfrak{p}^n \delta^n \equiv \mathfrak{p}^n \delta & \text{mod. } (1-\zeta)^2, \\ \quad \equiv x & \text{mod. } (1-\zeta)^2; \end{cases}$$

es ist folglich:

(307) $$\begin{cases} x \equiv \mathfrak{p}^n \delta \equiv \mathfrak{p}_s^n \delta_s^n, \\ y \equiv \mathfrak{q}^n \varepsilon \equiv \mathfrak{q}_s^n \varepsilon_s^n, \\ z \equiv \mathfrak{r}^n \eta \equiv \mathfrak{r}_s^n \eta_s^n \quad \text{mod. } (1-\zeta)^2. \end{cases}$$

Aus den Kongruenzen (305) und (299) erhalten wir somit:

$$\mathfrak{p}_s^n \delta_s^n \equiv \delta_s^{n-1} [\mathfrak{q}^n \varepsilon + \mathfrak{r}^n \eta \zeta^s]$$
$$\equiv \mathfrak{p}^n \delta \equiv \mathfrak{q}^n \varepsilon + \mathfrak{r}^n \eta \quad \text{mod. } (1-\zeta)^2,$$

oder nach (288):

$$\delta_s^{n-1}[x - z + (x-y)\zeta^s] \equiv x - z + x - y,$$

also unter Benutzung von (298):

$$x \equiv \delta_s^{n-1}(y + \zeta^s z) \equiv \delta_s^{n-1}[z + y + (\zeta^s - 1) z] \quad \text{mod.}\ (1 - \zeta)^2.$$

Nach der Verallgemeinerung des FERMATschen Satzes können wir:

(308) $$\delta_s^{n-1} = 1 + (1 - \zeta)\varrho'$$

setzen; es wird dann:

$$x \equiv y + z + (1 - \zeta)\varrho'(y + z) + (\zeta^s - 1) z \quad \text{mod.}\ (1 - \zeta)^2,$$

oder, da der Quotient $\frac{1 - \zeta^s}{1 - \zeta}$ eine ganze Zahl darstellt:

$$0 \equiv (1 - \zeta^s)(\varrho x - z) \quad \text{mod.}\ (1 - \zeta)^2,$$

wo $\varrho' = \frac{1 - \zeta^s}{1 - \zeta}\varrho$ eine ganze Zahl bezeichnet. Es muß also:

(309) $$z - \varrho x \equiv o \quad \text{mod.}\ (1 - \zeta)$$

sein. Aus den Gleichungen:

$$y + z = \mathfrak{p}^n \delta, \quad x - \zeta^s z = \mathfrak{q}_s^n \varepsilon_s, \quad x - y = \mathfrak{r}^n \eta,$$

findet man mittelst der Kongruenz (298):

$$\mathfrak{q}_s^n \varepsilon_s \equiv \mathfrak{p}^n \delta - \zeta^s \mathfrak{r}^n \eta \quad \text{mod.}\ (1 - \zeta)^4,$$

also auch nach (307):

$$\mathfrak{q}_s^n \varepsilon_s^n \equiv \varepsilon_s^{n-1}(\mathfrak{p}^n \delta - \zeta^s \mathfrak{r}^n \eta) \quad \text{mod.}\ (1 - \zeta)^4,$$
$$\equiv \mathfrak{q}^n \varepsilon \quad \text{mod.}\ (1 - \zeta)^2,$$

und somit:

$$\varepsilon_s^{n-1}[y + z - \zeta^s(x - y)] \equiv y \quad \text{mod.}\ (1 - \zeta)^2$$

oder:

$$y \equiv \varepsilon_s^{n-1}[x - z + (1 - \zeta^s)] z$$
$$\equiv [1 + (1 - \zeta^s)\sigma][y + (1 - \zeta^s) z] \quad \text{mod.}\ (1 - \zeta)^2,$$

wenn, analog zu (308):

(310) $$\varepsilon_s^{n-1} = 1 + (1 - \zeta^s)\sigma$$

gesetzt wird; also endlich:

$$y \equiv y + (1 - \zeta^s)\sigma y + (1 - \zeta^s) z \quad \text{mod.}\ (1 - \zeta)^2$$

oder:

(311) $$\sigma y + z \equiv 0 \quad \text{mod.}\ (1 - \zeta).$$

Setzen wir weiter:

(312) $$\eta_s^{n-1} = 1 + (1 - \zeta^s)\tau,$$

so findet man ebenso:

(313) $$\tau z + y \equiv 0 \quad \text{mod.}\ (1 - \zeta)$$

und durch Vergleichung mit (311):

(314) $$\sigma\tau - 1 \equiv 0 \quad \text{mod.}\ (1 - \zeta).$$

Aus (309) folgt ferner:

(315) $$x(1-\varrho)-\varrho y \equiv 0 \mod (1-\zeta),$$

so daß die folgenden beiden Kongruenzen bestehen:

(316) $$1-\varrho+\varrho\tau \equiv 0, \quad \varrho-(1-\varrho)\sigma \equiv 0 \mod (1-\zeta).$$

Andererseits ist nach (292) und (307):

(317) $$a \equiv \mathfrak{p}_s^n \delta_s^n, \quad b \equiv \mathfrak{q}_s^n \varepsilon_s^n, \quad c \equiv \mathfrak{r}_s^n \eta_s^n \mod (1-\zeta)^2.$$

Die Zahl $\mathfrak{p}_s^n \delta_s$ wird also durch Multiplikation mit δ_s^{n-1} zu einer semiprimären Zahl gemacht. Eine beliebige ganze Zahl des Kreiskörpers wird (nach Kummer) durch Multiplikation mit einer völlig bestimmten Einheitswurzel zu einer semiprimären Zahl; bedeutet demnach a' eine gewisse ganze rationale Zahl, so läßt sich eine ganze reelle Zahl α so bestimmen, daß

$$\mathfrak{p}_s^n \delta_s \cdot \zeta^\alpha \equiv a' \mod (1-\zeta)^2$$

ist; daneben haben wir, wenn ϱ' wieder durch (308) definiert ist:

$$\mathfrak{p}_s^n \delta_s [1+\varrho'(1-\zeta)] \equiv a \mod (1-\zeta)^2,$$

also auch:

$$a'[1+\varrho'(1-\zeta)] \equiv a\zeta^\alpha \equiv a[1-(1-\zeta)]^\alpha$$
$$\equiv a - a\alpha(1-\zeta) \mod (1-\zeta)^2,$$

oder:

$$a'-a \equiv -(a'\varrho'+a\alpha)(1-\zeta) \mod (1-\zeta)^2.$$

Hier steht links eine ganze rationale Zahl; ist eine solche durch $(1-\zeta)$ teilbar, so ist sie auch durch n teilbar; demnach wird:

$$a'-a \equiv 0 \mod n$$

und folglich weiter:

$$\varrho'+\alpha \equiv 0 \mod (1-\zeta),$$

somit auch:

(318) $$\begin{cases} \delta_s^{n-1} \equiv 1+\varrho'(1-\zeta) \equiv 1-\alpha(1-\zeta) \\ \qquad \equiv [1-(1-\zeta)]^\alpha \equiv \zeta^\alpha \mod (1-\zeta)^2, \end{cases}$$

und ebenso, wenn auch β und γ gewisse reelle ganze Zahlen bezeichnen:

(318a) $$\varepsilon_s^{n-1} \equiv \zeta^\beta, \quad \eta_s^{n-1} \equiv \zeta^\gamma \mod (1-\zeta)^2.$$

Durch Vergleichung von (318) und (318a) mit (308), (310) und (312) finden wir sodann:

$$\zeta^\alpha \equiv 1+(1-\zeta^s)\varrho, \quad \zeta^\beta \equiv 1+(1-\zeta^s)\sigma, \quad \zeta^\gamma \equiv 1+(1-\zeta^s)\tau$$
$$\mod (1-\zeta)^2.$$

Also folgt, da die Zahlen ϱ, σ, τ wegen der Kongruenzen (309), (311), (313) nicht durch $(1-\zeta)$ teilbar sein können:

$$\varrho \equiv \sigma \equiv \tau \equiv -1 \mod (1-\zeta).$$

Diese Kongruenzen aber sind mit den Kongruenzen (314) und (316) nicht verträglich. Damit ist die erste, unserem obigen Falle III) entsprechende Annahme, nach der keine der Zahlen x, y, z durch $1-\zeta$ teilbar sein sollte, als unzulässig nachgewiesen.

§ 20. Fortsetzung. — Der Fall, wo eine der drei Zahlen x, y, z durch $(1-\zeta)$ teilbar ist (Fall II) für ideale Zahlen).

Es sei zweitens eine der drei Zahlen x, y, z durch $1-\zeta$ teilbar, und zwar sei x diese Zahl. Setzen wir also $(1-\zeta)^m \xi$ an Stelle von x, so wird:

(319) $$y^n + z^n = (1-\zeta)^{mn} \xi^n,$$

folglich auch:

(319a) $$(1-\zeta)^{mn} \xi^n = (y+z)(y+\zeta z) \ldots (y+\zeta^{n-1} z).$$

Hier haben die Faktoren der rechten Seite den gemeinsamen Teiler $1-\zeta$, außerdem aber keinen gemeinsamen Teiler.

Nach Kummer kann jede ganze komplexe Zahl des Kreiskörpers durch Multiplikation mit einer passenden Potenz von ζ in eine semiprimäre Zahl verwandelt werden, d. h. in eine Zahl, die zu $1-\zeta$ primär ist und in Bezug auf den Modul $(1-\zeta)^2$ einer ganzen rationalen Zahl kongruent ist. Da nun die Gleichung (319) nicht geändert wird, wenn man die Zahlen x, y, z mit beliebigen n^{ten} Einheitswurzeln multipliziert, so können wir y und z stets semiprimär annehmen und demnach setzen:

(320) $$\begin{cases} y = a + (1-\zeta)^2 P, \\ z = b + (1-\zeta)^2 Q, \end{cases}$$

wo mit a und b ganze rationale Zahlen bezeichnet sind. Dann wird:

(321) $$\begin{cases} y + \zeta^s z = y + [1-(1-\zeta)]^s z \\ \qquad \equiv a + b - s(1-\zeta)b \quad \text{mod.}\ (1-\zeta)^2. \end{cases}$$

Da das Produkt aller Faktoren $y+\zeta^s z$ durch $(1-\zeta)^{mn}$ teilbar ist, muß die Zahl $y+\zeta^s z$ mindestens für einen Wert von s durch $1-\zeta$ teilbar sein; es folgt also:

(321a) $$a + b \equiv 0 \quad \text{mod.}\ (1-\zeta).$$

Aus (321) folgt ferner, daß die linke Seite den Faktor $1-\zeta$ nicht mehr als einmal enthalten kann, ausgenommen den Fall $s=0$. Wir können demnach setzen:

$$y + z = (1-\zeta)^{mn-n+1}\cdot\varphi,$$
$$y + \zeta^s z = (1-\zeta)\cdot\varphi_s,$$

und es müssen die Faktoren $\varphi, \varphi_1, \ldots \varphi_{n-1}$, welche unter sich relative Primzahlen sind und deren Produkt nach (319) der Gleichung:

$$\varphi\cdot\varphi_1\cdot\varphi_2\cdots\varphi_{n-1} = \mathfrak{z}^n$$

zu genügen hat, einzeln gleich einer mit einer Einheit multiplizierten n^{ten} Potenz sein. Wir erhalten also:

(322) $$\begin{cases} y + z = (1-\zeta)^{n(m-1)+1}\mathfrak{p}^n\cdot\delta, \\ y + \zeta^s z = (1-\zeta)\mathfrak{p}_s^n\cdot\delta_s \quad \text{für } s = 1, 2, \ldots n-1, \end{cases}$$

wenn mit $\mathfrak{p}$, $\mathfrak{p}_s$ wieder gewisse komplexe Zahlen, mit δ, δ_s gewisse Einheiten bezeichnet werden. In (322) haben wir die von Kummer aufgestellten Relationen nach seinem Verfahren abgeleitet.

Außerdem behalten aber die Gleichungen (287a) und somit auch die Systeme (288) unveränderte Gültigkeit. Aus den drei Gleichungen:

(322a) $$x - z = \mathfrak{q}^n\cdot\varepsilon, \quad x - y = \mathfrak{r}^n\cdot\eta, \quad y + z = (1-\zeta)^{n(m-1)+1}\mathfrak{p}^n\delta$$

erhalten wir durch Auflösung:

(323) $$\begin{cases} x = \frac{1}{2}\left[(1-\zeta)^{n(m-1)+1}\mathfrak{p}^n\delta + \mathfrak{q}^n\varepsilon + \mathfrak{r}^n\eta\right], \\ y = \frac{1}{2}\left[(1-\zeta)^{n(m-1)+1}\mathfrak{p}^n\delta + \mathfrak{q}^n\varepsilon - \mathfrak{r}^n\eta\right], \\ z = \frac{1}{2}\left[(1-\zeta)^{n(m-1)+1}\mathfrak{p}^n\delta - \mathfrak{q}^n\varepsilon + \mathfrak{r}^n\eta\right], \end{cases}$$

und diese Gleichungen sind genau analog den obigen Abelschen Gleichungen IIa) in § 3. Ebenso findet man:

(324) $$\begin{cases} x(1+\zeta^s) = (1-\zeta)\mathfrak{p}_s^n\delta_s\zeta^s + \mathfrak{q}_s^n\varepsilon_s\zeta^s + \mathfrak{r}_s^n\eta_s, \\ y(1+\zeta^s) = (1-\zeta)\mathfrak{p}_s^n\delta_s + \mathfrak{q}_s^n\varepsilon_s - \mathfrak{r}_s^n\eta_s, \\ z(1+\zeta^s) = (1-\zeta)\mathfrak{p}_s^n\delta_s - \mathfrak{q}_s^n\varepsilon_s\zeta^{-s} + \mathfrak{r}_s^n\eta_s\zeta^{-s}, \end{cases}$$

oder auch durch andere Kombinationen der Gleichungen (322) und (288):

(325) $$\begin{cases} x(1+\zeta^s) = (1-\zeta)\mathfrak{p}_s^n\delta_s + \mathfrak{q}^n\varepsilon\zeta^s + \mathfrak{r}^n\eta, \\ y(1+\zeta^s) = (1-\zeta)\mathfrak{p}_s^n\delta_s + \mathfrak{q}^n\varepsilon\zeta^s - \mathfrak{r}^n\eta\zeta^s, \\ z(1+\zeta^s) = (1-\zeta)\mathfrak{p}_s^n\delta_s - \mathfrak{q}^n\varepsilon + \mathfrak{r}^n\eta. \end{cases}$$

Durch Vergleichung von (317) mit (318) ergibt sich, wie in (291a):

(325a) $$\mathfrak{q}_s^n\varepsilon_s - \mathfrak{r}_s^n\eta_s = (\mathfrak{q}^n\varepsilon - \mathfrak{r}^n\eta)\zeta^s.$$

Da a und b ganze rationale Zahlen bezeichnen, so folgt aus der Kongruenz (321a):

$$a + b \equiv 0 \mod n.$$

Es ist also jedenfalls:

$$y + x \equiv 0 \mod (1-\zeta)^2,$$

während alle anderen Faktoren von der Form $y + \zeta^s x$ durch $(1-\zeta)$ teilbar sind; demnach ist:

$$y^n + x^n = (y+x)(y+\zeta x)\ldots(y+\zeta^{n-1}x) \equiv 0 \mod (1-\zeta)^{n+1}.$$

Die Zahl x^n enthält also den Faktor $(1-\zeta)^{n+1}$; deshalb muß x selbst mindestens durch $(1-\zeta)^2$ teilbar sein. In dieser Weise zeigte KUMMER, daß wir

$$m > 1$$

voraussetzen dürfen. Dann folgt aus der ersten Gleichung (323):

$$\mathfrak{q}^n \varepsilon + \mathfrak{r}^n \eta \equiv 0 \mod (1-\zeta)^2. \tag{326}$$

Aus den beiden letzten Gleichungen (325) folgt durch Potenzieren und Addieren (wenn wieder $n = 2\nu + 1$):

$$\begin{aligned}(y^n + x^n)(1+\zeta^s)^n \equiv{}& n(1-\zeta)\mathfrak{p}_s^n \delta_s (\mathfrak{q}^n\varepsilon - \mathfrak{r}^n\eta)^{n-1}(\zeta^{s(n-1)}+1)\\ &+ n\nu(1-\zeta)^2 \mathfrak{p}_s^{2n}\delta_s^2(\mathfrak{q}^n\varepsilon - \mathfrak{r}^n\eta)^{n-2}(\zeta^{s(n-2)}-1)\\ &\mod n(1-\zeta)^3, \quad \text{folglich auch} \quad \mod (1-\zeta)^{n+2},\end{aligned}$$

also nach (319) und (326):

$$\begin{aligned}\mathfrak{p}_s^n\delta_s(\mathfrak{q}^n\varepsilon - \mathfrak{r}^n\eta)^{n-2}\left[2\mathfrak{q}^n\varepsilon(\zeta^{s(n-1)}+1) + \nu(1-\zeta)\mathfrak{p}_s^n\delta_s(\zeta^{s(n-2)}-1)\right]&\\ \equiv 0 \mod (1-\zeta)^2.&\end{aligned}$$

Hier ist das zweite Glied der eckigen Klammer durch $(1-\zeta)^2$ teilbar; die Zahl $\mathfrak{q}^n$ kann nicht durch $(1-\zeta)$ teilbar sein, da sonst nach (288) auch x diesen Faktor enthalten müßte; es folgt also:

$$\mathfrak{p}_s^n \equiv 0 \mod (1-\zeta)^2.$$

Mit dem, was oben im Anschlusse an die Kongruenzen (321) und (321a) über die Zahl $y + \zeta^s x = (1-\zeta)\mathfrak{p}_s^n\delta_s$ gesagt wurde, ist dieses Resultat aber nicht verträglich; es ist also die gemachte Annahme (daß x durch $1-\zeta$ teilbar sei) nicht zulässig, es sei denn, daß man $x = 0$ nimmt.

Der Fall II) von § 3 ist sonach auch für ideale Zahlen nicht möglich.

Der zu II) vollkommen analoge Fall I) bedarf keiner besonderen Erörterung mehr.

Wenn hiernach der Beweis von FERMATS Behauptung durch Anwendung der komplexen Zahlen außerordentlich viel einfacher wird, als unser obiger Beweis, bei dem nur reelle Zahlen benutzt wurden, so ist andererseits zu beachten, daß unser früherer Beweis wesentlich allgemeinere Resultate ergab, indem er zu den am Schlusse von § 12 und § 16 ausgesprochenen Sätzen führte.

Es entsteht nun die Frage, ob diese Sätze auch für beliebige komplexe Zahlen des Kreiskörpers gültig bleiben. Die von uns gebrauchten Hilfsmittel waren ausschließlich identische Umformungen und der FERMATsche Satz. Letzterer besteht aber für Zahlen des Kreiskörpers ebenso wie für reelle rationale Zahlen; es ist auch für eine allgemeine Zahl x:

$$x^{N(\mathfrak{p})-1} \equiv 1 \mod. \mathfrak{p},$$

wenn $\mathfrak{p}$ ein Primideal und $N(\mathfrak{p})$ die Norm desselben bedeutet; setzt man $\mathfrak{p} = 1 - \zeta$, so wird $N(\mathfrak{p}) = n$ und wir erhalten:

$$x^{n-1} \equiv 1 \mod. (1 - \zeta).$$

Entsprechend läßt sich der erweiterte FERMATsche Satz ausdehnen. Die linke Seite der obigen Gleichung (100) wird jetzt:

$$p^{n^2} - q^{n^2} - (p^n - q^n)^n \equiv p^n - q^n - r^n \mod. n(1 - \zeta),$$

während die rechte Seite, da jede Zahl N_i den Faktor n enthält, durch $(1 - \zeta)^{n-1}$ teilbar ist. Wir sind also hier nicht zu dem Schlusse berechtigt, daß die Zahl T_r durch n, wohl aber daß sie durch $(1 - \zeta)$ teilbar sei. Die Ausdehnung der obigen Hilfssätze auf komplexe Zahlen macht daher einige Modifikationen nötig.

§ 21. Schlußbemerkung.

In § 18 ist die Unmöglichkeit dargetan, eine Gleichung der Form (13), d. h. eine Gleichung:

$$x^n = y^n + z^n$$

durch ganze Zahlen x, y, z zu befriedigen, wenn n eine ungerade Primzahl bedeutet, und wenn keine der Zahlen x, y, z durch n teilbar sein soll. Der Fall aber, wo eine dieser Zahlen durch n teilbar ist, wurde schon oben erledigt (vgl. § 6 u. 7).

Da nun die Unmöglichkeit des Falles $n = 4$ von LAMÉ nachgewiesen wurde, kann n auch keine Potenz von 2 sein;*) es bleibt also in der Tat nur die eine Möglichkeit $n = 2$.

Die im Vorstehenden für reelle Zahlen herangezogenen Hilfsmittel sind durchaus elementarer Natur. Es ist daher immerhin möglich, daß FERMAT bereits im Besitze eines Beweises für seine

*) Vgl. für ideale Zahlen den Schluß des oben zitierten Werkes von HILBERT.

Behauptung gewesen ist. Die von uns benutzten algebraischen Hilfsmittel sind der binomische Satz, der FERMATsche Satz, nach welchem $p^{n-1} \equiv 1$ mod. n, und der sogenannte erweiterte FERMATsche Satz; die von uns bei Aufstellung der Identitäten (10) und (11) angewandten Differentiationen hätten auch durch Potenzentwicklung nach einem Parameter (also durch Anwendung des binomischen Satzes) erhalten werden können.

Das gewonnene Resultat kann man auch dahin aussprechen, daß die Kurve:

$$x^n - y^n - z^n = 0$$

außer den drei Punkten $0, 1, -1$; $1, 0, 1$; $1, 1, 0$ keinen weiteren Punkt mit rationalen Koordinaten besitzt.

Bedeutet daher λ eine rationale Zahl, und schneiden wir die Kurve mit der geraden Linie:

$$(x - y) - \lambda z = 0),$$

welche durch den Punkt $1, 1, 0$ hindurchgeht, so kann die resultierende Gleichung nicht durch rationale Werte erfüllt werden. Es ergibt sich aber durch Elimination von z:

$$\lambda^n (x^n - y^n) - (x - y)^n = 0,$$

oder nach Division mit $x - y$, wenn noch:

$$\frac{x}{y} = t$$

gesetzt wird:

$$\lambda^n (t^{n-1} + t^{n-2} + \ldots + t + 1) - (t - 1)^{n-1} = 0.$$

Ist die ganze Zahl n größer als 2, so kann demnach diese Gleichung nicht durch rationale Werte von t und λ erfüllt werden, ausgenommen die Werte $t = 1$, $\lambda = 0$ und $t = 0$, $\lambda = +1$, oder -1, je nachdem die Zahl n ungerade oder gerade ist.

Druck von Metzger & Wittig in Leipzig.

FSC
www.fsc.org
MIX
Papier | Fördert gute Waldnutzung
FSC® C083411

Zeitfracht Medien GmbH
Ferdinand-Jühlke-Straße 7
99095 Erfurt, Deutschland
produktsicherheit@kolibri360.de